AF500594

INSTITUT DE FRANCE.

ACADÉMIE DES SCIENCES.

OBSERVATIONS

SUR

LE PHYLLOXERA

ET SUR

LES PARASITAIRES DE LA VIGNE,

PAR LES DÉLÉGUÉS DE L'ACADÉMIE.

BIBLIOTHÈQUE NATIONALE R.F. IMPRIMÉS

III.

Extraits des *Comptes rendus des séances de l'Académie des Sciences*, t. XCIV, XCV et XCVI; 1882 et 1883.

Dépôt Légal
Seine
No 7684
1883

PARIS,

GAUTHIER-VILLARS, IMPRIMEUR-LIBRAIRE

DE L'ÉCOLE POLYTECHNIQUE, DU BUREAU DES LONGITUDES,

SUCCESSEUR DE MALLET-BACHELIER,

Quai des Augustins, 55.

1883

OBSERVATIONS

SUR LE PHYLLOXERA

ET SUR

LES PARASITAIRES DE LA VIGNE, ETC.

Sur la découverte de l'œuf d'hiver dans les Pyrénées-Orientales [1];

Par M. CAMPANA.

« J'ai toujours pensé que la différence de climat, qui peut exister entre les Pyrénées-Orientales et le Libournais, n'était pas une raison suffisante pour changer les mœurs du Phylloxera et que, par conséquent, si l'œuf d'hiver se trouvait sur le bois extérieur chez M. Boiteau, il devait se trouver dans les mêmes conditions d'habitat dans les Pyrénées-Orientales.

» Partant de ce principe, voici comment j'ai procédé dans la recherche de l'œuf d'hiver :

» J'ai coupé un très grand nombre de souches, de manière à emporter le bois de quatre ou cinq ans. J'enlevais ensuite les lambeaux d'écorce qui se soulèvent naturellement, en m'arrangeant de façon que tous les corpuscules qui se trouvaient sur ces lambeaux tombassent sur une feuille de papier blanc, où il était facile de choisir à la loupe tout ce qui pouvait ressembler à un œuf. Ces objets étaient alors placés sur une lame de verre et soumis à l'examen microscopique. Pour augmenter le nombre de corpus-

---

[1] Communiqué à l'Académie des Sciences le 13 décembre 1880.

cutes à examiner, je frappais à petits coups sur le bois que je venais de dépouiller de son écorce et je recueillais de même, sur du papier blanc, tous ceux qui tombaient. J'ai été assez heureux pour découvrir de la sorte, dans les vignes du Soler, entre le 20 et le 30 septembre, trois œufs d'hiver, parfaitement reconnaissables à la tache rouge et au pédicule de suspension qui les caractérisent.

» J'avais vu l'œuf d'hiver chez M. Boiteau, ce qui me permettait de le reconnaître. M. Ferrer, membre du Comité central de vigilance de Perpignan, n'a pas hésité à le reconnaître aussi. J'envoyai deux de ces œufs à M. Catta, délégué régional; malheureusement, ils subirent quelques détériorations en route. Leur caractère restait cependant, d'après ce que m'a dit M. Catta, suffisamment reconnaissable.

» Je ne doute pas que, par des recherches analogues, on n'arrive à retrouver, ailleurs que dans les Pyrénées-Orientales, des œufs d'hiver, dont le nombre, je dois le dire, m'a paru très restreint, en raison des nombreuses investigations auxquelles j'ai dû me livrer. »

Observations sur les traitements de la vigne à l'aide du sulfure de carbone et du brome;

Par M. F. HENNEGUY.

« Perpignan, 24 juillet 1881.

» En quittant Lyon, je me suis arrêté à Tain, où j'ai visité les traitements au sulfure de carbone faits sur le coteau de l'Hermitage. De ce célèbre vignoble il ne reste plus que la petite partie qui a été traitée par M. Thiolières de l'Isle, le seul propriétaire qui, jusqu'ici, ait appliqué d'une manière suivie les insecticides.

» La surface traitée à l'Hermitage est de 12 hectares environ; l'application du sulfure de carbone est faite depuis trois ans au mois de novembre; la quantité employée est de 25^{gr} à 30^{gr} par mètre carré. Un trou de pal est fait au pied même de chaque cep, mais il n'a que $0^{m},10$ de profondeur. Ce trou est destiné à atteindre les Phylloxeras qui viennent hiverner à la naissance des grosses racines : il ne peut mortifier les jeunes racines. On n'a constaté, cette année, aucun accident dû au sulfure de carbone.

» Le fait le plus important à signaler à l'Hermitage, c'est la plantation de nouvelles vignes françaises dans les terrains où les vignes mortes ont été arrachées. Ces jeunes plantiers ont été déjà soumis à un traitement préventif par le sulfure de carbone et donnent les plus belles espérances. Sur quelques points du coteau, on a planté quelques cépages américains qui sont loin d'être aussi vigoureux que les cépages indigènes soumis au traitement.

» A Montpellier et dans les environs, je n'ai rien vu qui mérite de vous être signalé particulièrement. Du reste, j'ai un peu négligé le Languedoc, dans lequel je me propose de faire un assez long séjour au mois de septembre.

» Je me suis rendu chez Mme Baratte de Garcias, au château de Taxo-d'Amont. J'ai examiné avec soin son vignoble et je n'y ai pu constater la présence du Phylloxera; mais il est à craindre que le fléau ne tarde pas à atteindre Taxo, car il y a de nombreux points d'attaque dans les communes voisines.

» A Collioure, M. Oliver qui, depuis trois ans, traite préventivement toutes ses vignes par le sulfure de carbone, est parvenu jusqu'à présent à les préserver du Phylloxera. Je n'insisterai pas sur les excellents résultats obtenus par M. Oliver, résultats qu'il a déjà fait connaître dans plusieurs Communications à diverses Sociétés. Je ferai seulement remarquer que M. Oliver n'emploie que de faibles doses de sulfure de carbone : 10^{gr}, 12^{gr}, 14^{gr} par mètre carré, et qu'il n'a jamais eu d'accidents. Il ne craint pas de planter chaque année de nouvelles vignes, bien que ses voisins aient du Phylloxera, mais il a soin de les traiter préventivement.

» M. Oliver badigeonne une partie de ses ceps avec du sulfocarbonate de potassium afin de détruire l'œuf d'hiver et les jeunes larves de la pyrale. Il n'a eu jusqu'à présent qu'à se féliciter de ce traitement.

» Les vignes de Collioure, de Port-Vendres et de Banyuls-sur-Mer sont ravagées chaque année, depuis longtemps, par une maladie particulière, que M. Oliver a bien fait connaître en 1878. Les grosses racines et le collet de la souche sont détruits par la larve d'un Coléoptère, le *Vesperus Xatarti*. M. Oliver a reconnu que le sulfure de carbone amène la mort de ces dangereuses larves contre lesquelles on n'avait jusqu'à ce jour aucun moyen de défense.

» J'ai profité de mon séjour dans le Roussillon pour étudier les résultats obtenus avec le pyrophore Bourbon, dont j'ai déjà eu l'occasion d'entretenir l'Académie; je pense vous envoyer bientôt une Note à ce sujet.

» Avant mon départ de Lyon, j'ai consacré une journée à visiter les vignes traitées par M. Guillout que vous avez bien voulu m'adresser.

» Le traitement de M. Guillout consiste à verser dans une cuvette creusée au pied de chaque cep une petite quantité du mélange suivant :

Brome........................	2^{kg}
Alcool méthylique..............	1^{lit}
Eau..........................	12^{lit}

Cette quantité est employée pour cent douze à cent quinze ceps et revient de 18^{fr} à 19^{fr}.

» Les traitements entrepris avec cet insecticide ont été faits sur une très petite échelle. On s'est borné à arroser une centaine de ceps appartenant à des taches phylloxériques bien apparentes. Les taches paraissent avoir été circonscrites, mais les traitements ayant été faits une seule fois, en 1879 ou en 1880, les vignes recommencent à dépérir.

» Le brome est évidemment un bon insecticide, mais le mode d'application employé par M. Guillout ne peut donner des résultats satisfaisants. La solution de brome versée au pied de la souche ne pénètre pas assez profondément, la majeure partie du brome se volatilise en pure perte et les vapeurs toxiques peuvent être nuisibles à ceux qui font l'application de l'insecticide.

» La tentative de M. Guillout me paraît devoir être encouragée, mais il y a encore de sérieuses recherches à faire à ce sujet.

———

Sur la nécessité d'entreprendre des expériences dans la grande culture, en vue de la destruction de l'œuf d'hiver du Phylloxera (1);

PAR M. BALBIANI.

M. le MINISTRE DE L'AGRICULTURE adresse à M. le Secrétaire perpétuel la Lettre suivante :

« M. Balbiani, professeur au Collège de France et membre de la Commission supérieure du Phylloxera (2), a appelé mon attention sur l'opportunité qu'il y aurait à entreprendre des expériences méthodiques, non seulement dans le laboratoire, mais encore dans la grande culture, en vue de la destruction de l'œuf d'hiver, qui a une si grande importance dans l'évolution du parasite.

» Suivant l'avis de la section permanente de la Commission supérieure du Phylloxera, j'ai l'honneur, Monsieur le Secrétaire perpétuel, de vous transmettre ci-joint la lettre de M. Balbiani, en vous demandant de vouloir bien communiquer à l'Académie des Sciences cet intéressant document. »

(1) Communiqué à l'Académie des Sciences le 13 mars 1882.

(2) La Commission supérieure du Phylloxera, dans sa séance du 13 janvier de cette année, avait émis le vœu suivant :

« Considérant l'importance du rôle que joue l'œuf d'hiver dans l'évolution du Phylloxera, puisqu'il entretient sans cesse la vitalité des colonies souterraines, et que tout foyer phylloxérique a pour origine un œuf d'hiver; que, dès lors, sa destruction est d'un intérêt pratique évident, émet le vœu que des expériences méthodiques soient instituées, non seulement dans le laboratoire, mais en grande culture, pour déterminer quels sont les moyens à employer pour arriver à la destruction certaine de l'œuf d'hiver. »

« Paris, 23 février 1882.

» Monsieur le Ministre,

» La Commission supérieure du Phylloxera ayant émis, sur ma proposition, le vœu que des expériences méthodiques soient entreprises dans le but de trouver des procédés efficaces pour la destruction de l'œuf d'hiver, qui joue un rôle si important dans l'évolution du parasite, vous m'avez fait l'honneur de me demander de formuler le programme des expériences qui me sembleraient devoir être instituées pour obtenir ce résultat.

» Je vous remercie, Monsieur le Ministre, d'avoir bien voulu prendre en considération les idées que j'ai soumises à la Commission supérieure du Phylloxera et de l'occasion que vous m'offrez de leur faire subir l'épreuve de la pratique. Avant de vous faire connaître comment j'entendrais que ces expériences fussent conduites, permettez-moi de rappeler brièvement les faits qui m'ont amené à signaler, à l'attention de la Commission supérieure, l'utilité des opérations dirigées contre l'œuf d'hiver.

» Malgré l'extrême fécondité dont le Phylloxera fait preuve, au grand détriment de nos vignes, sa puissance de multiplication n'est cependant pas illimitée. Des faits déduits de l'observation de ses pontes aux diverses époques de l'année et de l'étude de ses organes reproducteurs ont permis d'établir que sa fécondité diminue avec le nombre des générations qui se succèdent dans le sol, et finirait même par être suivie d'une stérilité complète si elle n'était périodiquement ramenée à sa puissance première. Ce rôle est dévolu à l'œuf d'hiver, ou plutôt à l'individu éclos de cet œuf au printemps. Le fait qui accuse le plus positivement cet affaiblissement graduel de la fécondité du Phylloxera est la réduction de plus en plus marquée de l'appareil reproducteur, chez les générations qui se succèdent par voie de parthénogénèse ou de reproduction sans le concours du mâle, à mesure qu'elles s'éloignent davantage de leur auteur commun, le Phylloxera issu de l'œuf d'hiver. Tandis que, chez celui-ci, le nombre des gaines de l'ovaire s'élève à 20 ou 24, il descend rapidement, au bout d'un certain nombre de générations, à 10 ou 12, et même 6 ou 7, quelquefois à 2 ou 3 seulement chez les générations de l'automne.

» Cette diminution survient plus rapidement encore chez les Phylloxeras qui se transforment dans l'arrière-saison en sujets ailés; chez ceux-ci, on ne trouve jamais plus de 2 à 4 gaines ovigères produisant un nombre égal d'œufs, qui constituent toute la progéniture de l'ailé.

» Enfin, chez la femelle de la génération sexuée issue de l'ailé, l'ovaire est réduit à une gaine unique par l'avortement de toutes les autres, et cette unique gaine ne produit qu'un seul œuf incapable de se développer par lui-même, comme cela a lieu pour les œufs des générations antérieures. La stérilité est donc devenue ici absolue et aurait pour conséquence nécessaire l'extinction de l'espèce, si, par l'influence de l'accouplement, cet œuf n'acquérait subitement une vitalité qui replace les choses dans leur état primitif, en ramenant la fécondité dans cet élément épuisé.

» J'ai cru pouvoir déduire de ces faits une conclusion pratique importante, que je ne présentais toutefois que comme une simple hypothèse parce qu'elle ne s'appuyait que sur des données théoriques et non sur des faits expérimentaux. Cette conclusion était que, si l'on parvenait à supprimer chaque année tous les œufs d'hiver, qui viennent périodiquement ranimer la vitalité des colonies souterraines, celles-ci, privées de l'élément régénérateur et abandonnées à leurs propres forces, finiraient probablement par s'éteindre d'elles-mêmes au bout d'un temps plus ou moins long.

» On a objecté à cette manière de voir que tous les Phylloxeras d'une même colonie radicicole ne se transforment pas en ailés, que cette transformation ne porte que sur un nombre très limité d'individus, tandis que la majeure partie demeurent dans le sol et continuent à s'y multiplier indéfiniment par parthénogénèse. Mais cette objection n'est elle-même qu'une hypothèse, qui ne se fonde sur aucune expérience précise, tandis que l'opinion contraire des reproductions parthénogénésiques limitées peut invoquer en sa faveur non seulement les faits que j'ai rapportés dans mes divers Mémoires sur le Phylloxera [1], mais encore des analogies nombreuses parmi les insectes, notamment les pucerons, proches parents du Phylloxera de la vigne. Si j'avais à faire ici l'histoire physiologique du Phylloxera, il me serait facile de montrer que la production des petits individus rabougris des deux sexes, privés de rostre et d'intestin, n'est elle-même qu'une manifestation de cette dégénération progressive de l'espèce, que je signalais tout à l'heure, puisque le rôle primitivement dévolu à un individu unique ne peut plus être rempli que par le concours de deux êtres, isolément stériles, et féconds seulement par leur union.

» Une question importante, qui se rattache à la précédente, est celle de savoir pendant combien de temps l'insecte souterrain peut suffire à sa propre multiplication, sans avoir besoin d'un nouvel accouplement. Avec son ovaire réduit à 2 ou 3 tubes seulement, comme on l'observe fréquemment en automne, cet insecte peut jouir encore d'une grande fécondité, en

---

(1) Mémoires sur le Phylloxera présentés à l'Académie en 1876.

aison de la rapidité avec laquelle de nouveaux germes se forment dans 'intérieur de ces tubes. On peut supposer encore que, au retour des chaleurs t sous l'influence d'un régime plus substantiel, des gaines ovariques nouelles se forment à côté des anciennes; mais cette opinion me paraît peu en armonie avec mes observations personnelles et avec ce fait bien connu, ur lequel M. Maxime Cornu a depuis longtemps appelé l'attention, que les ransformations des aptères en ailés, à gaines ovariques peu nombreuses, ont fréquentes surtout sur les renflements des radicelles, c'est-à-dire sur les parties les plus nutritives du système radiculaire de la plante. Il y a des présomptions pour fixer à quatre ou cinq ans environ la durée des colonies souterraines, privées du concours que leur apporte la génération sexuée (¹). Mais dans une question de cette importance, qui peut avoir la portée la plus considérable pour l'avenir de notre viticulture, de simples probabilités ne suffisent pas: c'est une certitude absolue qu'il faut acquérir à cet égard, et elle ne peut être obtenue qu'à l'aide d'expériences spéciales, dont j'ai réclamé depuis longtemps la réalisation de la part des observateurs en mesure d'étudier sur place les mœurs du Phylloxera. C'est à la solution de cette question que devront s'attacher, d'une manière toute particulière, les personnes qui se proposent de compléter nos connaissances relatives au cycle biologique du parasite.

» Mais l'œuf d'hiver n'a pas seulement pour mission d'entretenir à l'état vivace les anciens foyers radicicoles, il est aussi l'élément qui renferme, en germe, la future colonie par l'action de laquelle l'insecte porte sans cesse ses ravages sur de nouveaux terrains. De cet autre rôle de l'œuf d'hiver, découle une nouvelle indication de la nécessité de sa destruction. Cette indication ne repose plus, comme la précédente, sur une hypothèse probable, mais non encore vérifiée; elle s'impose comme une des données les plus positives que la pratique puisse tirer des études théoriques sur le parasite. C'est ce qu'avait reconnu, du reste, depuis longtemps, la Commission académique du Phylloxera, lorsque, parmi les mesures recommandées par elle pour mettre obstacle aux progrès du fléau, elle conseillait aussi l'emploi des moyens propres à anéantir les œufs d'hiver (²).

» En résumé, la question de la destruction de l'œuf d'hiver se présente

---

(¹) M. Marès, *Sur la disparition spontanée du Phylloxera* (*Comptes rendus*, t. LXXXV, p. 564; 1877).

(²) *Avis sur les mesures à prendre pour s'opposer à l'extension des ravages du Phylloxera*; M. Bouley, rapporteur; 1877.

sous deux aspects différents, ainsi que je l'indiquais déjà en 1876 : 1° comme traitement curatif, en amenant par voie indirecte la disparition des colonies établies sur les racines; 2° comme moyen préventif, en conjurant le danger de l'invasion des vignobles indemnes par les œufs d'hiver déposés sur les ceps.

» C'est à ce double point de vue, Monsieur le Ministre, que devront par conséquent être instituées les expériences que votre administration se propose de faire exécuter. Il suffirait, pour cela, de choisir des vignobles dont les uns présenteraient des Phylloxeras aux racines, et dont les autres seraient indemnes, mais exposés à l'invasion; de détruire tous les ans les œufs d'hiver que pourraient recéler les ceps, et d'examiner, à la suite de chaque traitement, sur les premiers, l'état des colonies radicicoles, sur les seconds si l'immunité s'est maintenue d'année en année. Dans tous les cas, l'examen devra porter sur un assez grand nombre de plants pour légitimer une conclusion relativement au vignoble tout entier.

» Il est impossible d'indiquer ici toutes les précautions qui devront être prises, pour que les résultats qui se dégageront de ces essais aient toute la netteté désirable. Elles se suggéreront d'elles-mêmes, à l'esprit des personnes chargées de ces opérations. C'est ainsi, par exemple, que les champs d'expérience ne devront pas être placés dans le voisinage immédiat de vignobles infestés, qui les exposeraient à une contamination directe par les racines; que les champs phylloxérés devront être plantés en vignes américaines, qui présentent plus de résistance à l'action du parasite, etc.

» Comme préliminaires à ces opérations de grande culture, il faudra instituer des expériences de laboratoire, en vue de trouver les procédés culturaux ou chimiques propres à tuer les œufs d'hiver sans nuire à la vigne. Déjà divers moyens ont été proposés dans ce but, tels que l'ébouillantage ou le flambage superficiel des ceps, la décortication, le badigeonnage avec une substance insecticide, etc. Entre les mains de M. Sabaté, propriétaire au château de Cardasac, près Libourne, la décortication superficielle des ceps, avec les gants de fer de son invention, paraît déjà avoir donné de bons résultats. Mais l'opinion publique n'est pas suffisamment éclairée sur la valeur relative de ces différents procédés pour ne pas hésiter encore dans leur emploi. Aussi serait-ce un véritable service à rendre aux viticulteurs, que de leur apprendre le degré de confiance qu'il faut accorder à chacun d'eux. Sur la manière d'instituer ces expériences en petit, et le mode d'action de quelques-uns des agents que l'on pourrait employer pour détruire l'œuf d'hiver, tels que l'eau chaude et divers insecticides, on trouverait quelques indications dans les Mémoires que j'ai présentés, sur cette question, à l'Académie des Sciences, en 1876 ([1]). Bien que les conditions d'application des insecticides à la partie aérienne des souches ne soient pas les mêmes que pour les racines, on pourrait consulter aussi les essais effectués, sous les auspices de M. Dumas, à la station viticole de Cognac, par MM. Max. Cornu et Mouillefert, qui ont expérimenté l'action d'une foule de substances sur le Phylloxera ([2]).

» Les recherches à faire dans le laboratoire exigent, outre une installation spéciale, l'habitude de l'expérimentation physiologique et des manipulations chimiques, ainsi que des connaissances en entomologie générale et en micrographie; elles ne pourraient, par conséquent, être entreprises que par des savants de profession, pour inspirer toute confiance dans leurs résultats. Malheureusement, l'installation et l'exécution de ces expériences demanderont un temps assez long; les résultats n'en pourraient être assez prompts pour que l'on pût en faire, dès la campagne actuelle, des applications en grande culture. Mais on pourrait, dès à présent, commencer sur un certain nombre de vignobles l'essai de quelques moyens de traitement, tels que le décorticage et l'ébouillantage. Il faudrait y procéder sans retard, en raison de la prochaine montée de la sève, qui pourrait rendre ces opérations, le décorticage surtout, dangereuses pour la vigne. Un autre motif pour se hâter est le court délai qui nous sépare de l'époque de l'éclosion de l'œuf d'hiver, qui a lieu vers le milieu d'avril.

» Parmi les viticulteurs, en petit nombre, qui ont expérimenté les méthodes de traitement dirigées contre l'œuf d'hiver, je citerai M. Prosper de Lafitte, président du Comité central d'études et de vigilance contre le Phylloxera de Lot-et-Garonne, et M. Sabaté, propriétaire dans la Gironde, qui s'empresseraient, je n'en doute pas, de mettre au service de l'administration l'expérience qu'ils ont acquise dans l'emploi de la méthode mise en usage par chacun d'eux. »

([1]) *Recherches sur la vitalité des œufs du Phylloxera* (*Comptes rendus*, t. LXXXIII, p. 954, 1020 et 1060; 1876).

([2]) *Expériences faites à la station viticole de Cognac dans le but de trouver un procédé efficace pour combattre le Phylloxera* (*Mémoires présentés par divers savants à l'Académie des Sciences*, t. XXV, n° 3; 1876).

Résultats des traitements effectués en Suisse en vue de la destruction du Phylloxera (¹);

Par M. VALÉRY MAYET.

« Au mois de septembre dernier, vous avez bien voulu, au nom de la Commission de l'Académie, me charger d'une mission dans les vignobles de la Suisse. Cette mission avait pour but d'étudier sur les lieux les procédés employés dans la lutte contre le Phylloxera, l'efficacité plus ou moins grande de cette lutte et les conditions dans lesquelles on avait chance, en Suisse, de trouver l'œuf fécondé.

» Comme vous le savez, les vignobles suisses ne sont encore attaqués que sur deux points : Genève et Neuchâtel. Mon premier soin à Genève a été de me présenter chez MM. Favre et de Marignac, Correspondants de l'Académie, pour lesquels vous m'aviez remis des lettres expliquant le but de mon voyage.

» J'ai reçu de ces Messieurs le meilleur accueil; mis par eux en rapport avec les membres de la Commission fédérale et les experts fédéraux, je me suis immédiatement mis à l'œuvre. J'ai été ainsi guidé dans mes recherches par MM. le Dr Fatio, François Demole et Covelle. En dehors des Délégués officiels, d'excellents renseignements m'ont été donnés par M. le professeur Karl Vogt et M. Lunel, directeur du Muséum d'Histoire naturelle.

» Avant d'aborder le détail de mes études, je crois bon de retracer en quelques mots l'historique de l'invasion phylloxérique en Suisse et celui des traitements employés.

» *Le Phylloxera en Suisse.* — Le parasite, découvert pour la première fois

(¹) Communiqué à l'Académie des Sciences le 20 novembre 1882.

à Pregny, près de Genève, en 1874, paraît avoir été introduit d'Angleterre dans les serres à raisins de la villa Rothschild. Ces serres sont situées entre le village de Pregny et le lac. Les terreaux épuisés, rejetés chaque hiver par les jardiniers et renfermant sans doute des radicelles phylloxérées, étaient pris depuis plusieurs années par différents propriétaires de vignes de Pregny, et c'est précisément chez ces propriétaires que le Phylloxera a été simultanément découvert. Le fait a été précisé par le Délégué de la France au dernier Congrès de Berne, M. Max. Cornu, et est admis par tout le monde à Genève.

» Dès 1875, le sulfocarbonate de potassium était employé, sur votre conseil du reste et avec des produits expédiés à Genève par vos soins, puis on en venait bientôt à la destruction de la vigne elle-même sur les points attaqués. L'arrachage, suivi de la combustion au pétrole des souches, racines et échalas, fut le premier mode de destruction employé. Après l'opération, on répandait sur le sol une couche de chaux d'épuration du gaz et les repousses étaient arrosées à l'acide sulfurique.

» En 1877, à Chambezy-sous-Pregny, on employa l'acide sulfureux liquide fourni à un bon marché relatif (5^{fr} le kilogramme) par le procédé de M. Raoul Pictet. Ce traitement fut confié à M. Monnier, professeur de Chimie à l'Université. Reconnu bon, mais trop coûteux, on s'en tient, depuis 1878, au sulfure de carbone. L'acide sulfureux liquide n'est plus employé que pour la désinfection des outils et des chaussures des travailleurs. Le récipient est un simple siphon à eau de Seltz.

» Le sulfure de carbone est appliqué à haute dose, 300^{gr} par souche, en deux traitements de 150^{gr} chacun, à douze jours d'intervalle. La souche est tuée quatre-vingt-dix-neuf fois sur cent et les ceps qui repoussent sont toujours sur la lisière du point traité, c'est-à-dire indemnes du Phylloxera.

» A ce traitement énergique tous les êtres organisés succombent : escargots, lombrics, arachnides, insectes de tous genres, vignes, tout est mort, et je n'ai pu trouver un seul Phylloxera vivant non seulement aux racines, mais sous les écorces du collet de la souche.

» C'est surtout sur ce point que mes recherches ont été dirigées. Aucune autre partie souterraine du végétal n'offre en effet plus de contact avec l'air et plus de chances de préservation pour l'insecte.

» Les taches reconnues reçoivent ainsi un traitement d'extinction qui s'étend à cinq rangées de souches autour du point contaminé. On traite non pas en rond, mais en carré, pour que le nombre des pieds sacrifiés soit facile à calculer. Autour de la partie détruite, on examine plusieurs fois l'an, souche à souche, un carré de vigne de 50^{m}, ce qui amène parfois à visiter les racines de 25 à 30000 souches pour un seul point d'attaque. A Neuchâtel, pour deux points d'attaque, on visite chaque année 9^{ha} souche à souche, et 32^{ha} de dix souches en dix souches. Outre cela, des visites fréquentes sont faites dans tous les vignobles, surtout aux environs des points d'attaque.

» Ces visites, ainsi que les traitements, sont confiés aux commissaires cantonaux : M. Covelle, ingénieur pour le canton de Genève, et M. Roulet, inspecteur général des forêts pour le canton de Neuchâtel. Les propriétaires eux-mêmes deviennent d'excellents surveillants. Dans le canton de Vaud, l'autorité cantonale a été plus loin, trop loin selon moi. Tout propriétaire de vignes, sous peine d'une amende de 20 à 200^{fr}, est tenu de déchausser, chaque année, un cep par are pour en examiner les radicelles. L'arrêté est du 17 juin 1881; mais je doute fort que son exécution soit possible.

» Les dépenses de traitement extinctif, de visites, de surveillance et d'indemnité aux propriétaires sont payées, un tiers par la Confédération, un tiers par le canton et un tiers par le produit d'un impôt voté par le Conseil cantonal en Conseil d'État. Cet impôt, qui frappe exclusivement les propriétaires de vignes, est proportionné à la valeur des vignobles. Il varie entre 5^{fr} et 15^{fr} l'hectare. Il est perçu comme les autres impôts, sans aucune difficulté, et, ce qui est aussi à la louange de la population agricole de la Suisse, les agents chargés de la destruction des points phylloxérés n'ont jamais rencontré d'opposition sérieuse. La vigne contaminée devient momentanément propriété de l'État, on l'entoure d'un cordon soutenu par des échalas, on plante au milieu un drapeau rouge et un écriteau sur lequel il y a ces mots : *Vigne séquestrée.*

» L'indemnité est payée pendant deux ans. Pour la première année, elle consiste dans la valeur de la récolte sur pied, dans celle des souches et des échalas. Pour la seconde année, elle équivaut à la moitié de la récolte.

» Une phase intéressante de cette lutte énergique sera celle où, le fléau ayant disparu d'un point attaqué et détruit depuis plusieurs années, la replantation pourra être autorisée par le Conseil d'État.

» Dans le canton de Neuchâtel, un point traité en 1877, celui de Corcelle, se trouvera prochainement dans ce cas. Visité souche à souche depuis quatre ans, sur une surface de 2^{ha} autour du point détruit, on n'a rien pu y trouver de suspect. Malgré cela, l'autorisation de replanter ne sera probablement accordée qu'au printemps de 1883. Le délai d'un peu plus de cinq ans a été reconnu comme nécessaire par le Conseil fédéral.

» Est-ce à dire, par tous les détails que je viens de donner, qu'on soit complètement maître du fléau chez nos voisins? Certainement non. Le point d'attaque de Saint-Blaise (Neuchâtel), découvert en 1880, menace les vignes des bords du lac de Bienne. Celui de Valavran (Genève), découvert en juillet dernier, à côté même de la campagne de M. le Dr Fatio, menace encore plus gravement celles du canton de Vaud ; mais il n'en est pas moins vrai qu'au moyen d'une dépense annuelle de 50 à 60000fr, dépense payée en grande partie par les propriétaires intéressés, la Suisse lutte depuis sept ans, et qu'à l'heure qu'il est il n'y a pas plus de 15ha à 20ha de pris sur les milliers d'hectares de vignes qui couvrent les rives nord des lacs de Genève, de Neuchâtel et de Bienne. Les grands vignobles de Lausanne et Vevey sont indemnes et, si le fléau met vingt ans pour les envahir, on n'aura pas à regretter d'avoir dépensé, par an, l'intérêt d'un peu plus d'un million, pour conserver le même nombre d'années un capital dépassant un milliard.

» Il ne faut pas oublier que Pregny a encore les $\frac{1}{5}$ de ses vignes indemnes; or ce vignoble, qui est envahi depuis 1870 d'après les calculs du Dr Fatio, n'est traité que depuis 1874. Je conviens que le climat pluvieux de la Suisse et la nature du sol, composé de détritus glaciaires qui se fendillent peu, entravent la multiplication de l'insecte; mais nous avons en France des pays qui, comme sol et comme climat, peuvent être comparés à la Suisse française. D'un autre côté, il ne faut pas croire, comme je l'ai entendu soutenir, que la forme ailée est rare en Suisse. Depuis que M. Lieutaud, agent de la compagnie Paris-Lyon-Méditerranée, l'y a trouvée en 1881, MM. Fatio, Covelle, etc., l'ont constatée à plusieurs reprises en grand nombre dans les toiles d'araignée. Dans mes recherches personnelles, parmi les nombreux Phylloxeras morts que j'ai trouvés sur les racines des souches traitées, j'ai observé une quantité de nymphes fort comparables à celles que nous constatons à Montpellier.

» Les recherches actives se font à la bonne époque, c'est-à-dire en juillet, moment de la grande émission des radicelles superficielles de la vigne, si infaillibles pour la constatation du mal, moment aussi où les émigrations d'ailés ou d'aptères vont commencer. Le traitement d'extinction, appliqué à cette époque de l'année, fait d'une pierre deux coups : il tue le foyer et empêche le départ des colons.

» *Recherches dans le canton de Genève.* — Accompagné de M. Covelle, agent cantonal, qui a bien voulu me consacrer plusieurs journées et mettre à ma disposition ses travailleurs, j'ai visité les points attaqués. Les foyers de Pregny, de Chambezy et du grand Sacconex m'ont occupé chacun une journée. J'ai fait des recherches également dans les vignes saines. A Pregny j'ai examiné surtout la vigne Pictet (point d'attaque de 1882); au grand Sacconex, la vigne Bertrand, et à Chambezy, le foyer Deville. Tous les Phylloxeras trouvés étaient morts et devenus noirs. Dans ces trois localités, j'ai coupé un très grand nombre de morceaux de bois de deux ans pour la recherche de l'œuf d'hiver.

» Rentré à Genève, M. Covelle a mis à ma disposition son cabinet de travail avec ses microscopes et, malgré trois longues séances d'examen, je n'ai rien trouvé de certain concernant l'œuf fécondé. Je n'ai observé qu'une dépouille de Phylloxera, mais en si mauvais état que je n'ai pu constater si elle avait ou n'avait pas de rostre.

» Quand la vigne française sera détruite au point de permettre l'introduction des plants américains, il se créera certainement des foyers, des points d'élection pour la ponte des ailés et des sexués, comme ceux que j'ai constatés à Montpellier, à Bordeaux et à Libourne. Alors seulement la recherche de l'œuf d'hiver pourra être entreprise avec chance de succès; mais je trouve que la marche suivie en Suisse est si bonne qu'il est sage de reporter bien loin l'introduction, même par semis, des plants d'outre-mer.

» Comme je le disais à un propriétaire des environs de Genève qui me priait de lui envoyer des pépins américains, quand on permettra les semis, les boutures, même enracinées, entreront en contrebande, et le mal ne pourra plus être enrayé.

» *Recherches dans le canton de Vaud.* — J'ai parlé en premier lieu de mes recherches dans le canton de Genève; mais les premières vignes que j'ai visitées, au point de vue du Phylloxera, sont situées dans le canton de Vaud. Elles appartiennent à M. Huber, vice-président de la Société de Géographie de Paris, qui habite en été Myes, près Coppet. M. Huber, neveu et cousin des grands naturalistes genevois qui ont écrit, et si bien écrit, l'histoire des abeilles et des fourmis, s'occupe de viticulture avec intelligence. J'ai accepté avec d'autant plus d'empressement son invitation, qu'elle m'a permis d'examiner, en dehors des renseignements officiels, des vignes situées précisément sur la limite du canton de Genève, non loin du point d'attaque du Valavran.

» Toutes les vignes de Myes et de Coppet sont dans un état florissant, et je n'ai pu trouver un seul point faible dans ce terrain formé de boues glaciaires de composition si homogène.

BIBLIOTHÈQUE NATIONALE IMPRIMÉS

» Le dimanche 1er octobre, j'ai employé ma journée à visiter le vignoble de Lausanne. Nulle part en Suisse la vigne n'est, comme dans ce quartier, la culture à peu près exclusive ; l'arbuste est cultivé en terrasses regardant le soleil, comme dans nos côtes rôties des bords du Rhône. Je me suis dirigé vers des points faibles que j'avais aperçus de la voie ferrée et, après les avoir examinés avec soin, je n'ai pu que constater sur les racines la présence d'un mycélium de champignon. Ces points faibles sont là, comme je l'ai observé également à Neuchâtel, des endroits à sous-sol imperméable, où l'eau séjourne et qui donnent aux souches qui y sont plantées l'aspect souffreteux des vignes phylloxérées. Comme l'a très bien observé M. Henri Marès, ce sont des endroits humides qui souvent, aux environs de Montpellier, servent de lieu d'élection pour la ponte des ailés et des sexués. C'est dans des conditions semblables que j'ai découvert l'œuf d'hiver en Languedoc et que M. Henneguy l'a trouvé de nouveau au printemps dernier. Je n'ai pas manqué de prendre là des bois pour la recherche de l'œuf fécondé dans le canton de Vaud.

» *Recherches dans le canton de Neuchâtel.* — J'ai consacré au vignoble de Neuchâtel les deux journées des 2 et 3 octobre. Là, comme à Genève, je me suis mis de suite en rapport avec les hommes spéciaux : M. Comtesse, Conseiller d'État, membre de la Commission fédérale, et M. Roulet, Inspecteur des forêts, agent cantonal. J'ai visité le vignoble avec M. Roulet et vérifié avec soin les points traités cette année-ci, ainsi que quelques autres qui me semblaient faiblir un peu. Dans les premiers, je n'ai trouvé que des Phylloxeras morts et dans les seconds que du mycélium de champignons.

» Les points d'attaque principaux du canton de Neuchâtel sont : Trois-Rods, Colombier et Neuchâtel. Quatre autres moins importants sont : la Favarge, Champreveyres, Saint-Blaize et Corcelles. Ce dernier point, découvert en 1877, paraît complètement éteint.

» Le premier jour, visite au point d'attaque de Saint-Blaize, de Champrevèyres et de la Favarge. Le lendemain, visite à ceux de Trois-Rods et de Colombier. Ces derniers sont de beaucoup les plus importants et c'est là aussi que les recherches les plus minutieuses ont été opérées. Le point de Trois-Rods est, de tous ceux que j'ai vus en Suisse, celui qui a produit le plus d'éclaboussures, si je puis me servir de cette expression. Le petit foyer de Bâle, trouvé en 1881, et bon nombre de petits foyers voisins, de quelques souches seulement, en font partie. En 1880, au moment de la découverte du foyer de Trois-Rods, cinq cent soixante-dix souches ont été trouvées phylloxérées, et actuellement les visites sont exercées sur 32^{ha} autour de ce vignoble, dont la destruction totale est projetée du reste par la Commission fédérale.

» Malgré d'attentives recherches aux racines et au collet des souches, je n'ai trouvé que des Phylloxeras morts. J'ai recueilli là également des morceaux de bois pour la recherche ultérieure de l'œuf d'hiver.

» Rentré à Genève, j'ai consacré sans résultat deux journées à l'examen de ces bois et de ceux que j'avais recueillis à Lausanne.

» *Visite aux vignes de M. Michel Perret, à Tullins (Isère).* — En quittant Genève, j'ai voulu, avant de rentrer à Montpellier, visiter un vignoble français traité au moyen d'engrais appliqués, aussi rationnellement que possible, par M. Michel Perret.

» Je n'ai pas besoin de dire avec détails à l'Académie que M. Perret est le chimiste bien connu qui, avec autant de science que de bonheur, a su tirer l'acide sulfurique à bon marché des pyrites avant lui non utilisées. Retiré aujourd'hui à Tullins (Isère), il applique à l'Agriculture son esprit à la fois savant et pratique.

» Attaqué il y a cinq ans par le Phylloxera, son vignoble est encore entier. Les points d'attaque eux-mêmes ne sont pas arrachés. Les engrais, bien compris, au double point de vue de leur action physique et chimique, font tout. Le composé suivant est employé à la dose d'environ 50000^{kg} par hectare tous les trois ans :

Sarments coupés, tannée et sciure de bois	25000
Fumier de ferme	25000
Superphosphate de chaux acide	1200
Chlorure de potassium	250
Sulfate de cuivre	100
	51550

» Les débris ligneux ont surtout le rôle physique d'emmagasiner tous les éléments solubles des sels employés. Le sulfate de cuivre est mis en dissolution au moment de l'emploi, en quantité assez faible pour ne pas mortifier les tissus vivants. Antiseptique par excellence, il retarde non seulement la décomposition des débris ligneux et de la paille du fumier, mais surtout il a pour but d'arrêter la décomposition des racines attaquées par le Phylloxera. En un mot, il semble donner à la vigne française une partie de l'immunité des cépages américains. Lors de mon passage à Tullins, le 5 octobre, M. Perret était en pleines vendanges. Il obtenait, de certaines vignes traitées avec l'engrais ci-dessus, une quantité dépassant 100hlit à l'hectare, chiffre inconnu avant lui dans l'Isère.

» Tel est, Monsieur le Secrétaire perpétuel, le résumé de ce que j'ai vu et fait pendant le cours de la mission qui m'a été confiée. Si les résultats de cette mission n'ont pas une importance considérable et immédiate, ils serviront toujours, je l'espère, à établir une comparaison plus exacte entre ce qui a été fait en France et ce qui se pratique en Suisse.

» Dans les grands vignobles de notre pays, la destruction d'immenses foyers phylloxériques est aujourd'hui impossible; les plants américains, du reste, avec leur réussite complète sur beaucoup de points, sont là pour empêcher toute tentative; mais, dans les arrondissements encore indemnes ou peu entamés, le procédé suisse ne pourrait-il pas être essayé? Tout près de nous, dans l'Aude, l'arrondissement de Limoux, resserré entre les Corbières orientales et les Corbières occidentales, n'est accessible que du côté de Carcassonne. Il y a là, tout le long de la vallée de l'Aude, des vignobles importants remontant jusqu'à Quillan. Ils commencent seulement à être attaqués et bien certainement ils vivraient encore de longues années si les foyers étaient éteints à mesure qu'ils se produisent.

» Voici le Phylloxera dans Seine-et-Marne : la Champagne est ainsi menacée dans son territoire et attaquée déjà dans sa production. N'y aurait-il rien à faire pour retarder la perte de ce grand vignoble, où les plants américains ont peu d'avenir, par suite du climat et du mode de culture? »

Sur un sulfocarbomètre *destiné à déterminer les quantités de sulfure de carbone contenues dans les sulfocarbonates alcalins* (¹);

PAR MM. ALF. GÉLIS ET THOMMERET-GELIS.

« M. Gélis, dont les chimistes déplorent la perte récente, avait eu l'idée d'utiliser la réaction des bisulfites de soude ou de potasse sur les sulfocarbonates alcalins pour analyser ces produits : il pensait que, en mettant en contact les deux réactifs dans un appareil fermé, muni d'un tube gradué, on pourrait utiliser les différences de densité qui existent entre le sulfure de carbone et les mélanges plus ou moins aqueux qui le renferment, pour mesurer la colonne de sulfure de carbone mis en liberté et en déduire le poids de sulfure de carbone que contenait le sulfocarbonate soumis à l'expérience. En partant de cette idée, nous avons fait construire deux appareils.

» Dans l'un, le sulfure de carbone se condense à la partie inférieure. Pour arriver à ce résultat, on doit préalablement étendre de beaucoup d'eau le bisulfite. L'inconvénient de cette méthode est de précipiter, en même temps que le sulfure de carbone, les matières en suspension, ce qui diminue l'exactitude du résultat.

» Dans l'autre appareil, au contraire, le sulfure de carbone vient se condenser à la partie supérieure. En voici la description.

» L'appareil se compose de deux parties : 1° un flacon de verre inférieur A, d'une contenance de 80^{cc} environ, qu'on remplit d'une solution de bisulfite de soude ou de potasse à 35° de Baumé; le col de ce flacon porte une garniture de métal, munie d'un pas de vis; 2° une partie supérieure B,

(¹) Communiqué à l'Académie des Sciences le 20 novembre 1882.

composée d'une boule surmontée d'un tube fermé et gradué en centimètres cubes et dixièmes de centimètre cube : on y verse 50^gr du sulfocarbonate à examiner. Cette partie B est munie d'une garniture de métal, qui peut se visser sur le pas de vis de la partie A, et qui porte en outre un robinet C.

» Lorsque le sulfocarbonate a été introduit, on ferme le robinet et l'on visse les deux parties l'une sur l'autre, de manière à fermer hermétiquement. Alors on rouvre le robinet, ce qui permet aux liquides de se mélanger. Suivant que la réaction est trop prompte ou trop lente, on la retarde ou on l'active en plongeant l'appareil dans l'eau froide ou dans l'eau chaude. La réaction est terminée lorsque le sulfocarbonate est complètement décoloré.

» On n'a plus qu'à lire, sur le tube gradué, le nombre de centimètres cubes et de fractions de centimètre cube occupés par la colonne de sulfure de carbone, à multiplier ce nombre par la densité du sulfure de carbone 1,27 et à doubler le chiffre obtenu, pour avoir le poids en centièmes du sulfure de carbone contenu dans le sulfocarbonate soumis à l'analyse.

» Cette méthode nous paraît être la meilleure qu'on puisse employer pour l'analyse des sulfocarbonates. Nous nous proposons d'apporter à la construction de l'appareil quelques perfectionnements. Il pourra, nous l'espérons, être mis entre les mains de tous les viticulteurs, et leur permettre de se rendre compte, sans études chimiques préalables, de la valeur des produits que l'industrie leur présente. »

Sur le Phylloxera gallicole [1];

Par M. HENNEGUY.

« Les recherches que j'ai faites cette année sur le Phylloxera gallicole ne m'ont pas donné des résultats bien nouveaux. J'ai trouvé des galles en grande quantité sur beaucoup de vignes américaines, principalement sur des *Riparia*, dans diverses localités de l'Hérault et de la Gironde; sur les cépages indigènes je n'en ai rencontré qu'une seule fois, chez M. de Lafitte, à la Joannenque, près d'Agen. Quatre pieds de Cabernet-Sauvignon, éloignés de toute espèce de vigne américaine, portaient à la fin de juillet de nombreuses galles renfermant des mères pondeuses et des œufs. M. de Lafitte avait déjà observé des galles en cet endroit, il y a quelques années; elles avaient disparu à la suite de badigeonnages dirigés contre l'œuf d'hiver, badigeonnages qui n'ont pas été renouvelés depuis 1880. Dans les premiers jours du mois d'octobre, les dernières feuilles avaient encore des galles avec des pondeuses et des œufs.

» Si les galles spontanées sont très rares sur les vignes indigènes, il est facile de les y faire apparaître par contagion. J'en ai obtenu ainsi sur plusieurs pieds de chasselas et de muscat, en pots et indemnes, en entremêlant leurs pampres avec ceux de vignes américaines gallifères. Les galles sur les vignes indigènes ne sont pas généralement aussi nombreuses ni aussi bien développées que sur les cépages américains; mais les insectes s'y multiplient aussi longtemps que sur ces derniers et continuent à former des galles jusqu'à la fin d'octobre, tant que de jeunes feuilles se produisent à l'extrémité des sarments. Sur toutes les vignes que j'avais infectées artificiellement, j'ai trouvé au bout de quelque temps des Phylloxeras sur les

---

[1] Communiqué à l'Académie des Sciences le 4 décembre 1882.

racines, ce qui confirme entièrement les expériences faites par M. Max. Cornu pour démontrer l'identité de l'insecte des feuilles avec celui des racines.

» A différentes époques de l'année j'ai ouvert un grand nombre de galles dans le but de vérifier les observations de MM. Shimer, Knyaseff et Champin, sur la présence de nymphes et d'ailés parmi les gallicoles. Malgré toute l'attention que j'ai pu apporter dans mes recherches, je n'ai vu aucune nymphe ni aucun ailé. Je n'ai pas non plus jusqu'à présent trouvé d'individus sexués, issus directement d'insectes aptères, analogues à ceux du Phylloxera du chêne que M. Balbiani a découverts, et qui, comme les sexués provenant de l'insecte ailé, quittent les feuilles pour aller pondre sur la tige. La présence de sexués dans les galles expliquerait facilement le fait signalé par M. Valéry-Mayet, à savoir l'existence presque constante d'œufs d'hiver nombreux sur les vignes qui ont porté des galles pendant l'été. Il semble en effet plus naturel d'admettre que ces œufs proviennent directement de sexués gallicoles, qui les déposent sur la plante même où ils vivent, que de supposer que des essaims d'ailés viennent chaque année s'abattre sur les mêmes ceps de vigne. Si le Phylloxera de la vigne se comporte comme celui du chêne, il y aurait deux sortes d'œufs d'hiver, les uns provenant de la descendance de l'insecte ailé des racines, les autres pondus par des sexués gallicoles. Je ne désespère pas de trouver ces sexués, bien que leur recherche au milieu des nombreux insectes qui sortent des galles présente de grandes difficultés.

» Lorsque les œufs renfermés dans une galle sont éclos, les jeunes insectes, après avoir mué, se répandent sur la feuille; doués d'une grande agilité, les uns courent sur les sarments à la recherche des jeunes feuilles pour y former de nouvelles galles, les autres descendent sur les racines en suivant la souche, les échalas, et en se laissant tomber sur le sol. Mais, si l'on ouvre les grosses galles que portent certains cépages américains, Clinton, Taylor, Yorks'Madeira, Riparia, il n'est pas rare de trouver à côté de la grosse mère pondeuse de une à cinq jeunes mères n'ayant pas encore acquis tout leur développement; ce sont de jeunes individus qui sont restés dans la galle et qui sont destinés à remplacer la pondeuse lorsqu'elle sera morte. La fécondité des mères pondeuses réunies dans une même galle paraît être moindre que celle d'une mère isolée. Le nombre des gaines ovariques varie, chez les premières, dans le milieu de l'été, de 10 à 16, tandis que chez les mères qui vivent seules dans une galle il y a de 16 à 28 gaines.

» Relativement à la diminution du nombre de gaines ovariques avec les générations successives, je n'ai pu trouver une loi aussi nette que celle que M. Balbiani a pu établir pour les Phylloxeras radicicoles. Les gaines ovariques diminuent de nombre chez les gallicoles lorsque approche la fin de la belle saison, mais d'une manière moins rapide et plus irrégulière que chez les radicicoles. Ce fait n'a rien d'étonnant, les dernières générations des gallicoles étant toujours éloignées au plus de quelques mois seulement de l'œuf d'hiver éclos au printemps de la même année. Quelques galles, se trouvant sans doute dans certaines conditions que je n'ai pu encore déterminer, renfermaient des mères pondeuses qui n'avaient que 6 à 10 gaines ovariques; c'est dans de telles galles que se trouveront probablement les sexués, s'ils existent.

» L'année dernière, au commencement d'octobre, j'ai pu faire se fixer directement sur des morceaux de racines de Taylor, conservés dans un flacon humide, de jeunes Phylloxeras gallicoles. Les individus ont hiberné et, placés dans une chambre chauffée, ils ont commencé à pondre vers la fin de janvier 1882. Je n'ai pu malheureusement observer le nombre de leurs gaines ovariques : ils sont morts au mois d'avril faute de nourriture; j'espère être plus favorisé l'année prochaine dans les nouvelles expériences que j'entreprends à ce sujet.

» Comme les années précédentes, tout en poursuivant mes observations biologiques, j'ai visité un certain nombre de vignobles phylloxérés traités par les insecticides, et de préférence ceux que j'avais déjà vus.

» Dans les environs de Montpellier, à Launac, M. Marès lutte toujours avec avantage contre le fléau, au moyen du sulfocarbonate de potassium et des arrosages avec du sulfure de potassium; la régénération des vignes continue; cette année la récolte a été encore supérieure à celle de 1881.

» M. Domergue, au mas de Larmet, près Castelnau, possède un vignoble de cépages indigènes qui est en plein rapport; ces vignes sont plantées dans un terrain sablonneux, mais le sable n'y est pas en quantité suffisante pour empêcher le développement du Phylloxera. L'année dernière, au mois de novembre, j'y constatais la présence de l'insecte à peu près partout. M. Domergue s'empressa de traiter les points les plus attaqués par le sulfocarbonate de potassium, et il traitera cette année toute sa propriété.

» Dans l'arrondissement de Béziers, le domaine de M. Jaussan continue à se maintenir, tandis que toutes les vignes environnantes sont à peu près détruites. Les accidents qui s'étaient produits l'année dernière à la suite de l'emploi du sulfure de carbone dans des terrains saturés d'humidité n'ont pas eu de suites fâcheuses. La plupart des vignes dont la végétation avait été arrêtée sont reparties. Quelques taches situées dans des bas-fonds argileux se sont cependant agrandies. M. Jaussan attribue avec raison cet insuccès à la grande humidité de ces bas-fonds ; la vigne commençait déjà à y dépérir avant l'invasion phylloxérique. Dans ces terrains argileux, le sulfure de carbone peut rester pendant plusieurs mois dans les trous de pal sans se volatiliser; ainsi, lorsqu'on a labouré, au mois de mai, une vigne sulfurée au mois de décembre 1881, on a constaté que des vapeurs de sulfure de carbone se répandaient dans l'air, et les feuilles de la vigne ont jauni. Il n'est donc pas étonnant que, dans ces endroits, les taches se soient étendues, le sulfure de carbone n'ayant pu produire aucun effet. Il est important de signaler, chez M. Jaussan, une jeune plantation en Aramon et en petit Bouschet, faite en plein terrain phylloxéré, et qui, grâce au traitement insecticide, est aussi belle que si elle était indemne. Les viticulteurs seront-ils encouragés par cet exemple à replanter des cépages français? Il est à craindre que non : ils ne se rendront à l'évidence qu'après avoir essayé successivement tous les cépages américains et éprouvé de grandes déceptions.

» L'état du vignoble de M. Teissonnière, à la Provenquière, est moins satisfaisant que l'année dernière : beaucoup de taches se sont agrandies et de nouveaux points d'attaque ont apparu. La récolte est inférieure en quantité à celle de 1881, et cette diminution ne peut être attribuée qu'au Phylloxera ; mais, hâtons-nous de le dire, elle s'explique facilement. Le vignoble avait été traité au sulfocarbonate de potassium en décembre 1880 et il est resté sans traitement jusqu'en mai 1882, c'est-à-dire pendant dix-sept mois. Durant ce long espace de temps, les colonies souterraines ont dû se multiplier et s'étendre; le traitement de cette année a été fait trop tard pour que la vigne ait pu réparer son système radiculaire. De plus, on ne met, à la Provenquière que 20^{lit} d'eau par souche, ce qui me semble insuffisant, surtout au mois de mai, où, dans l'Hérault, la terre est déjà très sèche. A Lignan, les vignes de M. Culeron et de Mme Théron reçoivent depuis deux et trois ans 40^{lit} d'eau et 90^{gr} de sulfocarbonate par souche; elles présentaient cette année une végétation magnifique et ont donné une belle récolte.

» Dans le Médoc, le Phylloxera a fait son apparition depuis longtemps déjà; mais l'invasion du fléau y est bien moins rapide que dans le Midi, et la lutte contre lui y est mieux dirigée. Si la récolte a été mauvaise cette année, comme quantité et comme qualité, c'est surtout aux conditions climatologiques et non au Phylloxera qu'il faut en attribuer la cause. Le mildew, importé par les vignes américaines, a pris un développement considérable, grâce à l'humidité de l'été, et a ravagé les vignobles du Médoc; à la fin de septembre, en beaucoup d'endroits, les sarments étaient complètement dépouillés de feuilles.

» J'ai visité quelques-uns des grands crus du Médoc et j'y ai constaté les heureux résultats donnés par les insecticides. Au Château-Langoa, les taches phylloxériques, traitées à temps par le sulfure de carbone, ont été bien délimitées et sont en pleine voie de reconstitution; on ne reconnaît plus leur présence qu'en examinant attentivement l'état du bois des années précédentes, qui est beaucoup moins vigoureux que celui de cette année. Au Château-Lafite, il existe depuis longtemps un service régulier de recherches pour le Phylloxera. Le sulfure de carbone, employé d'abord, a donné, même à faibles doses, de mauvais résultats : il y a des pièces où la vigne a été entièrement tuée. Cela tient sans doute à la nature argileuse du terrain en certains points et au peu de profondeur du sol. Depuis cinq ans le sulfure de carbone a été remplacé par le sulfocarbonate de potassium à la dose de 60^{gr} pour 32^{lit} d'eau par pied, et les vignes ont repris une belle végétation; les jeunes plantiers de deux et trois ans donnent les plus grandes espérances.

» Enfin j'ai consacré quelque temps à visiter les nouvelles plantations de vignes indigènes en Camargue, dans des terrains sablonneux et dessalés, que l'on submerge chaque année avec les eaux du Rhône. Les terrains en friche font place chaque jour à des vignobles donnant plus de 100^{hlit} à l'hectare et dont la prospérité ne pourra que s'accroître avec le temps. Il y a là une source de richesse pour une région qui jusqu'ici était à peu près stérile, et l'on ne saurait trop encourager les viticulteurs à créer des vignobles dans tous les points du littoral, qui, comme la Camargue, offrent des terrains favorables à la végétation de la vigne et contraires à la propagation du Phylloxera. »

Observations faites pendant la campagne viticole 1881-1882 [1];

Par M. P. BOITEAU.

« Villegouge, le 8 décembre 1882.

« Je viens, à la fin de la plus triste campagne viticole qu'il m'ait été donné de connaître, vous rendre compte de mes travaux et de mes observations.

» Au mois de mai dernier, je vous ai annoncé que les Insectes de la première année de génération, après avoir passé leur hiver en tubes, avaient commencé à pondre le 14 avril, et que les produits de cette génération qui avaient commencé à éclore le 7 mai étaient fixés sur les racines contenues dans ces tubes.

» Le 28 mai, j'ai obtenu la ponte de cette première génération pour former la deuxième, et les éclosions ont commencé le 5 juin.

» Le 18 juillet, cette deuxième génération a pondu à son tour pour former la troisième, et les éclosions ont commencé le 28.

» Le 6 septembre, la troisième génération a pondu pour former la quatrième, et les éclosions ont commencé le 15.

» Cette quatrième génération s'est fixée sans subir de mues, et actuellement elle hiverne sur des racines en tubes. Chez les insectes agames, les mues sont au nombre de trois.

» Pendant cette deuxième année, j'ai obtenu quatre générations qui ne semblent pas avoir encore trop dégénéré. Il est certain que l'élevage en tubes contrarie la ponte et que les mêmes insectes, s'ils étaient fixés sur des racines en pleine végétation, auraient donné plusieurs générations en plus et un nombre d'œufs supérieur. J'essayerai, l'année prochaine, de remettre sur des racines de vignes en pleine végétation certains de ces

(1) Communiqué à l'Académie des Sciences le 11 décembre 1882.

insectes élevés en chartre privée, pour savoir quelle sera leur fécondité dans ces conditions.

» Dans mes observations, j'ai isolé chaque génération nouvelle de celle qui la précédait, de manière à être bien certain que la régénération ne pouvait pas se faire.

» Mon dernier tube se trouve être, actuellement, à la neuvième génération d'insectes agames, issus directement les uns des autres et sans cause de régénération possible. Ce sont ces insectes qui me serviront à commencer ma troisième année de reproduction.

» Dans plusieurs de mes tubes de la deuxième année, j'ai observé des nymphes et des insectes ailés vers le commencement de septembre. Les ailés ont pondu et les sexués se sont accouplés. Les femelles ont pondu des œufs fécondés parfaitement organisés.

» L'année dernière, je n'avais pas observé la génération ailée sur les insectes provenant directement de l'œuf d'hiver. Cette année, j'ai répété mes expériences sur des insectes provenant d'œufs d'hiver éclos au printemps dernier, et les mêmes faits négatifs se sont reproduits. Il y a donc lieu de supposer que la génération ailée ne commence à se montrer que dans la deuxième année des générations agames.

» J'ai également répété mes expériences de fixation sur les racines et, comme par le passé, il m'a été impossible de faire vivre dans ces conditions les deux premières générations.

» J'ai continué, pendant l'été dernier, mes recherches sur les lieux de ponte des femelles sexuées : je n'ai rien constaté de nouveau et la question est toujours au même point.

» En ce moment, j'examine des terres provenant de mes champs d'observation, seulement je ne suis pas encore assez avancé dans mon examen pour en tirer des conséquences certaines. Au printemps prochain, j'entreprendrai une nouvelle série d'expériences qui consisteront à cultiver de jeunes plants avec des terres susceptibles (si le fait existe) de contenir des œufs fécondés.

» J'ai essayé des badigeonnages à base de coaltar, préconisés dans ces derniers temps par M. Balbiani, pour la destruction des œufs d'hiver. Mes expériences ont été faites le 28 septembre dernier, sur de jeunes ceps de Taylor de quatre ans. J'ai employé le coaltar pur et le coaltar mélangé à un dixième d'huile lourde. L'application a été faite à l'aide d'un pinceau et sur toute la hauteur des ceps. La végétation des plants ainsi traités s'est continuée dans de bonnes conditions et ils n'ont nullement paru souffrir de l'application qui leur avait été faite. Ces jours derniers, j'ai examiné attentivement ces ceps, et voici ce que j'ai constaté : toutes les écorces superficielles ont été traversées par la substance appliquée, surtout lorsqu'elles étaient en partie desséchées. Les écorces fortement adhérentes ont mieux résisté et la pénétration n'est pas complète. Toutes les fois que le bois s'est trouvé dépourvu d'écorces, soit par suite d'une exfoliation de celles-ci, soit à la suite de soulèvements ou de simples fentes, le liquide a agi sur le vif et l'a légèrement attaqué.

» Les pieds badigeonnés avec un mélange d'huile lourde au dixième sont plus atteints que ceux qui n'ont reçu que le coaltar pur. Tous les insectes et tous les œufs situés sous les écorces en partie desséchées ont été détruits. Jusqu'ici les accidents que je viens de signaler sont minimes et insignifiants et, s'ils ne deviennent jamais plus graves, il n'y aura pas lieu de les mettre en ligne de compte. Seulement je crois qu'au printemps, et surtout sur les pieds dépourvus de leurs écorces, il pourrait y avoir des accidents plus considérables. Les chaleurs du printemps et de l'été pourraient également favoriser la pénétration de ces liquides, qui deviendraient funestes pour la plante, alors surtout que toute sa surface en serait recouverte.

» Je me rappelle encore les accidents qui sont survenus à la suite des badigeonnages faits avec mes anciennes préparations à base d'huile lourde de coaltar, et celles qui ont été la conséquence de coaltar versé autour des souches, dans le sol, pour ne pas craindre les conséquences de ces larges applications sur toute la surface des ceps. Au printemps prochain, j'essayerai de ce procédé sur une assez large échelle, pour savoir à quoi m'en tenir. Je dois de nouveau signaler à l'attention de ceux qui voudront faire les expériences de destruction de l'œuf d'hiver les derniers mélanges que j'ai préconisés. Ils sont également à base d'huile lourde de coaltar, mais celle-ci est mélangée à la chaux éteinte. L'huile lourde de coaltar se mélange à la chaux presque en toutes proportions, mais les mélanges que l'on doit préférer sont dans les rapports de 2, 3, 4, 5 ou 6 parties de chaux pour 1 d'huile. Ces mélanges faits, on les étend de 2 à 6 parties d'eau, et les solutions qui en proviennent sont stables et complètement inoffensives pour le végétal. Les pampres et les feuilles arrosés avec ces solutions ne souffrent presque pas de cette application : elles peuvent donc être employées en toute sécurité. Celles qui conviendraient le mieux pour le cas qui nous occupe seraient celles qui auraient la concentration la plus forte. Pour rendre ces solutions plus actives, on pourrait y ajouter une certaine quantité de sulfate de fer. Au printemps prochain, je ferai des expériences avec plusieurs de ces solutions, concurremment avec celles à base de coaltar et d'huile lourde.

» Les traitements au sulfure de carbone et au sulfocarbonate de potassium ont continué à donner d'excellents résultats. Sous leur influence, beaucoup de vignes se sont parfaitement reconstituées et auraient donné, si les influences climatériques avaient été favorables, une assez bonne récolte. On peut même ajouter que les seules vignes prospères ou existant encore dans notre contrée sont celles qui ont été défendues par les insecticides et la submersion.

» Les vignes américaines gagnent du terrain dans notre région. Les propriétaires se décident à reconstituer peu à peu leurs vignobles détruits par des porte-greffes résistants greffés ou à greffer sur place. Les plants à culture directe ne sont guère en faveur chez nous, et je suis d'avis qu'on a parfaitement raison. Notre climat ne paraît pas leur convenir.

» La greffe a fait des progrès réels à la suite de l'institution de nos concours. Il semble démontré que, dans notre climat humide, ce qui réussira le mieux, ce sera la greffe en pépinière, bouture sur bouture ou sur racine, dans des sols de bonne qualité et relativement secs. La reprise effectuée, on replante à demeure, et les vignobles se trouvent organisés du premier coup. Pour mon compte personnel, j'ai des greffes de un ou deux ans qui ont une très belle venue et dont la fructification est déjà remarquable. J'ai également très bien réussi les greffes bouture sur bouture en pépinière. Les soudures se sont très bien faites et les pousses de la première année ont de $0^{m},20$ à $0^{m},40$ de longueur.

» Le système qui paraît donner le meilleur résultat est celui que l'on désigne sous le nom de *greffe en fente évidée*, avec l'évidement fait dans le porte-greffe et un seul mérithalle au greffon.

» Nos expériences et nos observations vont se continuer, et il est à supposer que la diversité des procédés employés nous conduira rapidement à la reconstitution de nos vignobles.

» Si nous avions à formuler notre avis sur les conseils à donner aux viticulteurs et à l'administration supérieure, nous dirions aux premiers : Conservez par tous les moyens en votre pouvoir, sulfure de carbone, sulfocarbonates et submersion, vos vignes encore en bonne végétation et remplacez celles qui sont détruites ou celles qui sont trop malades par des cépages français, greffés sur Riparia, Solonis, York-Madeira ou autres porte-greffes reconnus résistants; et à l'administration : Favorisez, par tous les moyens en votre pouvoir, la lutte que sont obligés de soutenir les propriétaires viticoles, et créez, dans tous les centres de culture de la vigne, une ou plusieurs pépinières de cépages américains destinés à reconstituer rapidement ce qui est détruit. »

Sur les propositions de M. Balbiani pour combattre le Phylloxera, et sur l'œuf d'hiver du Phylloxera des vignes américaines et des vignes européennes (¹);

PAR M. TARGIONI-TOZZETTI.

« Dans la séance du 13 janvier 1882, la Commission supérieure du Phylloxera en France émettait le vœu suivant.

« Considérant l'importance du rôle que joue l'œuf d'hiver dans l'évolution du Phylloxera, puisqu'il entretient sans cesse la vitalité des colonies souterraines et que tout foyer phylloxérique a pour origine un œuf d'hiver; que, dès lors, sa destruction est d'un intérêt pratique évident, émet le vœu que des expériences méthodiques soient instituées non seulement dans le laboratoire, mais en grande culture, pour déterminer quels sont les moyens à employer pour arriver à la destruction certaine de l'œuf d'hiver. »

» Par cette proposition on affirme, ni plus ni moins :

1° A quelle cause est due la vitalité des colonies agames des racines, c'est-à-dire la puissance de perpétuation et d'accroissement de ces colonies;

2° Quelle est l'origine de chaque centre nouveau d'infection;

3° Ce que doit faire la pratique pour arrêter les colonies existantes et empêcher la formation de colonies nouvelles; on laisse seulement à des recherches ultérieures et à de nouvelles expériences le soin de déterminer les moyens qui devront satisfaire à ces deux indications.

» Puis, M. Balbiani, promoteur autorisé du vœu, dans une Lettre adressée au Ministre de l'Agriculture, et communiquée par celui-ci au Secrétaire perpétuel de l'Académie des Sciences, expose les raisons de ces affirmations et de ces propositions.

(¹) Communiqué à l'Académie des Sciences le 15 janvier 1883.

Pour lui, la fécondité des génératrices agames des racines est limitée et circonscrite dans une courte période, et cesserait peut-être au bout de peu de générations, dans la même année, puisque, en fait, de 20 à 24 gaines ovigères qu'a la première, les générations successives sont réduites à n'en avoir seulement que de 10-12, 6-7, 2-3, et elles finiraient par devenir stériles si, par une nouvelle activité, il ne se formait pas de nouveaux germes dans les mêmes gaines ou d'autres gaines, entre celles qui sont déjà épuisées; aussi, avec ces suppléments, les générations agames peuvent durer quatre ou cinq ans.

» Puis les ailés, agames eux aussi, portent en eux-mêmes les signes d'une plus grande dégradation, réduits qu'ils sont à n'avoir au plus que quatre gaines ovigères; leurs œufs donnent des produits encore plus amoindris, c'est-à-dire que les mâles et les femelles, incapables, par leur imperfection, d'engendrer encore, sont bons cependant à se compléter réciproquement et à rouvrir le cycle des générations normales.

» Je me suis permis autrefois, dans nos Actes et autre part, de contester que la diminution du nombre des gaines ovariques, arrivée au maximum dans les dernières générations automnales, représente directement la diminution de la puissance génératrice et en soit le témoignage ou la preuve en particulier; voyant dans le fait même, non l'épuisement de cette force ou d'une autre contenue dans l'organisme, mais une preuve sensible de l'équilibre qui s'établit entre l'organisme même et la vie, à un moment donné, et les conditions extérieures directement ou indirectement défavorables pour celle-ci ou pour celui-là; équilibre prompt à se changer en termes différents, à la bonne saison, quand la nouvelle végétation de la vigne fournit une source plus copieuse d'aliments à son parasite; ce qui, d'autre part, prouve les effets bienfaisants de la température et des autres conditions renouvelées par elle.

» C'est ainsi, et non autrement, que les hibernants, après avoir fait leur mue, deviennent des génératrices printanières, aux ovaires riches en gaines et remplis de germes; il serait à voir, avant d'affirmer, si les germes sont et combien ils sont capables de se régénérer dans les mêmes gaines; de la même manière, avant de l'affirmer, il faudrait examiner comment et combien aux gaines épuisées en succèdent d'autres de nouvelle formation. D'ailleurs, dans tous les cas, ces faits devraient être regardés comme le résultat des actions de la vie nutritive, tantôt plus, tantôt moins énergique.

» Ce fait étant considéré comme vérifié dans la succession de l'automne, de l'hiver et du printemps, on ne voit pas pourquoi il ne devrait pas se répéter à chaque retour de succession semblable et un nombre de fois plutôt qu'un autre. Appliquer à une échéance fixe, et d'une manière absolue, au cas spécial, une conception abstraite comme celle de la nécessité de la période dans les générations alternantes, paraît hâtif et prématuré.

» Une autre conception plus originale, mais entièrement spéculative aussi, serait que les ailés représentassent un nouvel état de dégradation et les sexués eux-mêmes un état plus avancé encore que ce dernier. Les sexués présenteraient en outre ceci de singulier que, amoindris d'une puissance qui ne leur reste plus qu'en partie, ils la retrouveraient entièrement dans l'acte sexuel et transmettraient à leur produit ce qu'ils n'ont pas eux-mêmes.

» La seconde proposition du vœu de la Commission réduit strictement à l'œuf d'hiver l'origine de tout nouveau centre d'infection; mais, prise ainsi sans réserve, la proposition annule d'un trait les observations les mieux fondées et très connues de la dissémination, non seulement par les ailés, mais aussi par les aptères, et les renseignements les plus certains sur les nouveaux foyers, malheureusement formés presque toujours par le transport de plants infestés, non d'œufs d'hiver assurément, mais de colonies radicicoles de Phylloxeras, lors même qu'on ne voudrait pas parler de l'origine de la première arrivée du Phylloxera en Europe, la pratique se détournant d'un de ses plus importants et plus sûrs fondements.

» Pour en venir à l'œuf d'hiver, tandis que les observations de l'œuf dû aux générations sexuelles hypogées n'ont encore été ni reprises ni suivies, selon M. Balbiani lui-même, les premières observations de M. Boiteau sur l'œuf de la génération sexuelle aérienne provenant du Phylloxera ailé restent aussi isolées et presque exceptionnelles, puisqu'elles n'ont pas réussi à d'autres, ou ont réussi seulement relativement à l'œuf d'hiver du Phylloxera des vignes américaines. Celui-ci, aussi bien que la génération qui le précède et celle qui en provient, semble, d'après les observations mêmes, en rapport très étroit avec la génération gallicole et la formation des galles, qui manquent d'une manière générale chez les Phylloxeras des vignes communes.

» Maintenant, conclure des faits du Phylloxera des vignes américaines à ceux du Phylloxera des vignes ordinaires, sans le secours d'observations positives, tandis que le cours de la vie chez le premier et chez le second est profondément différent, c'est aussi agir avec trop de précipitation et pas assez de mesure.

» Donc, dans les conditions actuelles, le vœu de la Commission française, corrigé dans ses prémisses, devrait s'appuyer sur cet autre préliminaire : *Instituer des recherches pour trouver et démontrer l'œuf d'hiver du Phylloxera sur les vignes indigènes* ([1]). »

([1]) Note lue à la Société entomologique italienne dans la séance du 28 mai 1882.

Réponse à la Note précédente de M. Targioni-Tozzetti [1];

PAR M. BALBIANI.

« Dans la Note qu'on vient de lire, M. Targioni-Tozzetti s'appuie, pour critiquer ma proposition d'arrêter l'extension du Phylloxera par la destruction des œufs d'hiver, sur un certain nombre d'arguments qu'on peut résumer ainsi qu'il suit :

» 1° Le principe fondamental sur lequel se base cette proposition, savoir : l'extinction des colonies souterraines par la destruction de la source à laquelle celles-ci s'alimentent, c'est-à-dire les œufs d'hiver, n'a pas encore reçu une démonstration scientifique suffisante. La diminution de la puissance génésique des femelles agames des racines avec le nombre des générations issues les unes des autres n'est pas un phénomène absolu en soi; cette diminution est en relation avec la décroissance des conditions extérieures, principalement de température et de nutrition, qui agissent sur ces insectes dans la succession des saisons. Les femelles, arrivées au minimum de leur faculté reproductrice en automne, récupèrent toute leur fécondité au printemps avec le retour d'une température plus élevée et d'une alimentation plus substantielle.

» 2° Les œufs d'hiver n'ont été rencontrés jusqu'ici que sur les vignes américaines; ils n'ont pas encore été trouvés sur les vignes indigènes (européennes) : par conséquent, rien ne démontre que les moyens proposés pour leur destruction sur ces dernières vignes atteignent leur but et soient avantageux pour arrêter la propagation du Phylloxera.

» 3° Une autre différence que présentent les vignes américaines et les vignes indigènes est l'existence, sur les premières, de générations gallicoles

---

(1) Communiqué à l'Académie des Sciences le 15 janvier 1883.

du Phylloxera et leur absence sur les dernières; tous ces faits démontrent une différence profonde des mœurs de l'insecte des vignes américaines et de l'insecte des vignes indigènes.

» 4° Les œufs d'hiver ne sont pas l'unique ni même la principale source de l'invasion phylloxérique; il n'est pas tenu compte des faits nombreux et bien connus qui prouvent la propagation du Phylloxera par le transport et l'importation de plants, principalement de vignes américaines, servant de véhicule aux colonies radicicoles.

» 5° Enfin, nos connaissances concernant l'œuf fécondé des générations sexuelles hypogées sont encore très incomplètes. Cette proposition contient implicitement, bien qu'elle ne soit pas énoncée par l'auteur, cette conséquence que la destruction des œufs d'hiver aériens n'empêcherait pas la régénération des colonies radicicoles par les œufs d'hiver souterrains ([1]).

» Aucun des arguments résumés dans les lignes qui précèdent n'est nouveau, et j'ai déjà eu plusieurs fois l'occasion de les réfuter dans mes précédentes publications sur le Phylloxera. Je vais les examiner encore une fois dans l'ordre où je viens de les énumérer.

» Et d'abord, je dois faire remarquer que M. Targioni-Tozzetti ne tient aucun compte, dans ses critiques, des deux faces sous lesquelles j'ai toujours envisagé l'utilité et les conséquences de la destruction des œufs d'hiver, et que je faisais encore ressortir avec soin dans ma Lettre, en date du 23 février 1882, adressée à M. le Ministre de l'Agriculture, ainsi que cela résulte du passage suivant de cette Lettre : « En résumé, la question de la » destruction de l'œuf d'hiver se présente sous deux aspects différents, » ainsi que je l'indiquais déjà en 1876 : 1° comme traitement curatif, en » amenant par voie indirecte la disparition des colonies établies sur les » racines; 2° comme moyen préventif, en conjurant le danger de l'inva» sion des vignobles indemnes par les œufs d'hiver déposés sur les ceps. »

» Sous le dernier point de vue, je me suis prononcé très affirmativement sur les avantages de cette opération, en me basant sur nos connaissances les plus certaines et les mieux établies des mœurs du Phylloxera, principalement de sa génération ailée chargée de fonder à distance de nouvelles colonies. Les ailés donnant naissance à la génération sexuée, qui, elle-même, produit l'œuf d'hiver, n'est-il pas évident que la destruction de ce dernier équivaut à celle des ailés, réclamée de tout temps et

([1]) Cette conclusion est exprimée d'une manière plus catégorique dans une autre Notice de M. Targioni-Tozzetti (*Bullettino della Soc. entomol. italiana*, anno XIII, 1881).

pour laquelle on a proposé une foule de moyens, tels que le tassement du sol pour empêcher leur sortie de terre, la plantation de végétaux agglutinants destinés à les arrêter au passage, etc., tous procédés qui se sont montrés ou inefficaces ou irréalisables dans la grande pratique. Rien de plus facile, au contraire, que d'atteindre l'œuf d'hiver par des moyens culturaux ou chimiques pendant les quatre ou cinq mois qu'il reste à notre portée, dans la période la plus propice aux travaux agricoles. M. Targioni-Tozzetti, qui semble attribuer lui-même aux ailés un rôle important dans la dissémination du Phylloxera, voudrait-il restreindre ce rôle seulement aux vignes américaines et trouver une autre explication à la propagation du parasite sur les vignes indigènes? Nous reviendrons plus loin sur ce point des opinions du savant naturaliste de Florence.

» Autant j'ai été affirmatif sur les avantages pratiques de la destruction de l'œuf d'hiver comme moyen propre à enrayer la marche du Phylloxera, autant j'ai mis de réserve à tirer les conséquences que cette opération peut avoir pour les colonies radicicoles. Ici, je n'ai exprimé que comme une simple probabilité, une hypothèse, l'opinion que ces conséquences pourraient être la disparition de ces colonies par la destruction des germes où elles puisent sans cesse une vitalité nouvelle. Ce n'est pas une supposition gratuite, mais une présomption fondée sur des études biologiques attentives de la reproduction du Phylloxera. Ce sont les conclusions pratiques déduites de ces études que M. Targioni-Tozzetti a cru pouvoir attaquer dans sa Note placée en tête de ce travail. Avant de répondre aux objections de M. Targioni, j'ai cru bon de rappeler la distinction que j'ai toujours faite entre les deux résultats que j'attribuais à la destruction de l'œuf d'hiver : l'un, assuré, lorsqu'on l'emploie comme traitement préventif; l'autre, possible, probable même, mais non certain, méritant toutefois d'être essayé, lorsque cette opération est faite à titre de moyen curatif. Cela posé, je passe maintenant à l'examen des objections de M. Targioni-Tozzetti.

» M. Targioni m'oppose d'abord ce fait que la diminution de la fécondité des femelles agames des racines, dans les générations qui se succèdent du printemps à l'automne, n'est pas, comme je l'admets, l'épuisement graduel d'une force contenue dans l'organisme même, mais la manifestation de l'influence décroissante des conditions extérieures favorables, principalement de température et de nutrition, qui agissent sur ces femelles dans le cours des saisons. M. Targioni ne s'est sans doute pas aperçu que cette opinion est une simple hypothèse de sa part, à l'appui de laquelle il n'apporte ni observations ni expériences directes. Je vais montrer, au contraire, que les observations et les expériences conduisent à une conclusion absolument opposée à la sienne.

» Chez le Phylloxera du chêne ([1]), le nombre des gaines ovigères est de 26 à 32 chez les femelles aptères de la première génération, issue en avril de l'œuf fécondé de l'année précédente ou œuf d'hiver. Dès la deuxième et la troisième génération, l'ovaire se trouve réduit à 10 ou 12 gaines (en mai et juin), et dans les générations suivantes (de juillet à septembre) on n'en compte plus que de 4 à 6 en tout. La décroissance du nombre des tubes ovariques est tout aussi rapide chez les aptères radicicoles du Phylloxera de la vigne, en prenant pour point de départ l'insecte issu de l'œuf d'hiver, qui a de 24 à 28 tubes ovariques. A mon arrivée à Montpellier, en mai 1874, ma première observation fut l'examen des gaines ovigères chez un grand nombre de femelles aptères fixées sur les renflements des radicelles d'un pied de vigne au début de l'invasion. Chez les dix premières femelles examinées, le nombre des gaines est exprimé par les chiffres suivants : 17, 18, 16, 13, 16 à 18, 16, 20, 18, 16, 15. En octobre de la même année, ce nombre, chez dix autres femelles, n'était respectivement plus que de 5, 5, 2, 4, 2, 2, 5, 3, 6, 7 ([2]). Les observations faites par M. Boiteau dans une autre région de la France (environs de Libourne) ont montré la même décroissance rapide du nombre des gaines ovigères du printemps à l'automne (*Comptes rendus*, 14 août 1876).

» Ces faits ne laissent donc aucun doute sur la diminution successive de la fécondité chez les Phylloxeras des racines par l'avortement graduel de leur appareil reproducteur dans le cours d'une même année. Mais on peut se demander si ce phénomène n'a pas une liaison intime avec les modifications qui surviennent dans les conditions extérieures que les générations traversent dans le cours de leur évolution annuelle. L'influence de la température doit être immédiatement écartée : nous venons, en effet, de voir que c'est au printemps, c'est-à-dire dans une saison qui n'est pas celle où la température moyenne atteint son chiffre le plus élevé, que le nombre des gaines de l'ovaire présente son maximum, et que ce nombre diminue rapidement dans les mois plus chauds de l'été et en automne. L'influence

---

([1]) Il s'agit ici de l'espèce commune sur les chênes des environs de Paris et du nord de la France : c'est le *Phylloxera coccinea* de Heyden et autres auteurs.

([2]) Ces femelles étaient prises un peu partout : les résultats étaient sensiblement les mêmes dans tous les vignobles.

de l'alimentation ne doit pas être mise davantage en ligne de compte; car, au commencement du printemps, les feuilles du chêne, comme les radicelles de la vigne, contiennent une sève plus aqueuse, moins riche et moins élaborée que celle qui y circule à une période plus avancée de la végétation. Toutes choses égales d'ailleurs, je n'ai pas observé de différence, chez le Phylloxera du chêne, dans le nombre des tubes de l'ovaire chez les femelles fixées sur des feuilles molles et tendres et celles établies sur des feuilles dures et coriaces. De même, chez le Phylloxera de la vigne, les insectes des radicelles ne paraissent pas mieux pourvus sous ce rapport que leurs congénères, placés sur les grosses racines ligneuses.

» L'expérience se joint à l'observation pour confirmer ce résultat. En transportant les insectes ou leurs œufs des racines épuisées sur des racines fraîches, on n'observe pas d'augmentation dans le nombre des gaines ovariques chez ces individus ou les générations qui en proviennent; tout ce que l'on constate, c'est une recrudescence dans l'activité fonctionnelle de la glande, se manifestant par des pontes plus abondantes et plus nombreuses. La température exerce une influence du même genre.

» Tous ces faits sont donc loin de plaider en faveur de l'hypothèse de M. Targioni-Tozzetti touchant l'influence des conditions extérieures sur la constitution anatomique de l'appareil reproducteur du Phylloxera. On arriverait plutôt à une conclusion opposée si l'on examine les conditions dans lesquelles se manifeste de la manière la plus prononcée et la plus prompte la dégénération de cet appareil. Je veux parler des métamorphoses de l'insecte aboutissant à la génération sexuée. Ces métamorphoses consistent, ainsi qu'on le sait, d'abord dans la production de la forme ailée, laquelle, à son tour, donne naissance à la génération des sexués mâles et femelles. Or, chez la première, l'ovaire n'est plus composé que de deux à cinq gaines, et chez la femelle sexuée cette réduction arrive à son dernier terme, c'est-à-dire à un ovaire formé d'une unique gaine produisant en tout et pour tout un seul œuf infécond par lui-même. La stérilité est donc devenue presque complète au point de vue anatomique, et complète au point de vue physiologique; l'espèce, menacée dans son existence, périrait, si l'accouplement ne venait rendre soudain la fertilité à cet élément arrivé à l'extrême épuisement [1].

---

[1] Cette dégénération organique ne se borne pas aux organes générateurs : elle se manifeste aussi par l'atrophie complète de l'appareil digestif et quelquefois de plusieurs des articles des antennes ou des pattes

» Or toute cette phase sexuelle de la vie de l'insecte, chez le Phylloxera du chêne comme chez le Phylloxera de la vigne, a pour époque la période de l'année qui correspond à la température moyenne la plus élevée, c'est-à-dire, pour la première espèce, de fin juin à fin juillet (sous le climat de Paris) ([1]), et pour la deuxième, de juillet à septembre (sous le climat de Montpellier). Lorsque les chaleurs sont précoces, la période sexuelle subit une avance plus ou moins considérable, comme cela eut lieu en 1876, où les ailés ont déjà été vus en grande quantité dès le 25 juillet, sous le climat relativement septentrional de la Bourgogne ([2]).

» C'est tout aussi peu sous l'influence d'une alimentation appauvrie que se produisent les générations d'ailés et de sexués, aux ovaires considérablement réduits, puisque tous les observateurs sont unanimes à signaler les radicelles (recherchées surtout par l'insecte pour sa nourriture et où il prospère le mieux) comme le siége de ses transformations les plus précoces et les plus abondantes (Planchon et Lichtenstein, Max. Cornu, Boiteau, Balbiani, etc.). Tous ont remarqué aussi la rareté de ces transformations après que le Phylloxera, chassé par la destruction des radicelles, s'est réfugié sur les grosses racines et y continue ses reproductions parthénogénésiques.

» Dans ces conditions nouvelles, la diminution du nombre de gaines ovigères dans les générations aptères est beaucoup moins brusque que dans la série des ailés et des sexués.

» Des faits entièrement comparables s'observent aussi chez les Pucerons ordinaires qui vivent sur les parties aériennes de nos plantes annuelles ou vivaces. On sait que chez ceux-ci la reproduction a lieu pendant toute la belle saison par des femelles agames et vivipares, et que, dans l'arrière-saison et l'automne, elle s'opère par des œufs fécondés et pondus, qui hivernent et n'éclosent que le printemps suivant. Cette transformation du mode de reproduction est généralement attribuée à l'influence directe de l'abaissement de température et des changements qui surviennent dans les sucs des plantes dont ces insectes se nourrissent. J'ai fait des observations qui ne me portent pas à croire à cette influence, mais à considérer la reproduction par

---

([1]) Sur le littoral de la Normandie, la période des ailés et des sexués du Phylloxera du chêne tombe généralement en juillet-août.

([2]) A Mancey (Saône-et-Loire), par M. Rommier (*Comptes rendus*, 7 août 1876). La même année, M. Boiteau, dans le Libournais, observait les ailés le 31 juillet et les sexués le 3 août (*Comptes rendus*, 14 août 1876).

œufs fécondés destinés à hiverner et à conserver l'espèce pendant la disparition de son aliment comme en relation avec les causes de destruction qui la menacent à l'approche de l'hiver (froid et arrêt de la végétation), et n'ayant par conséquent qu'un rapport indirect et éloigné avec les conditions extérieures ([1]). Je partage complètement à cet égard les vues développées par M. le professeur Weismann, dans ses belles études biologiques sur les Daphnoïdes, relativement aux causes qui déterminent l'alternance des reproductions par parthénogénèse et par génération sexuelle dans les colonies formées par ces petits Crustacés : Weismann a montré, par un grand nombre d'observations et d'expériences, que l'apparition des individus sexués mâles et femelles ne dépendait pas des conditions extérieures (température, nourriture, quantité ou qualité de l'eau) auxquelles les colonies se trouvent momentanément soumises, mais qu'elle était liée à certaines générations déterminées quant au rang qu'elles occupent dans le cycle d'évolution de ces animaux. Cette génération sexuée est tantôt la deuxième ou la troisième, tantôt la dizième, la douzième ou même la vingtième du cycle, d'un genre ou d'une espèce à l'autre. Le seul caractère commun du cycle générateur chez tous les Daphnoïdes, c'est l'absence de mâles et d'œufs fécondés dans la première génération de la colonie ([2]).

([1]) On sait d'ailleurs que la période sexuelle ne tombe pas en automne pour tous les Pucerons : tel est celui du Saule (*Aphis salicis*), où de Geer et Kyber ont observé dès le mois de juin des mâles et des accouplements. Kyber attribuait l'apparition précoce des mâles dans cette espèce au durcissement prématuré des feuilles du Saule et prétendait qu'on pouvait la retarder en plaçant les femelles agames sur des pousses jeunes et fraîches de cette plante. Cette explication est rejetée par Kaltenbach; elle est aussi en contradiction avec mes observations et mes expériences faites chez plusieurs espèces de Pucerons.

([2]) Weismann distingue parmi les Daphnoïdes des espèces polycycliques, monocycliques et acycliques, suivant que la génération sexuelle vient interrompre plusieurs ou une seule fois par an la série des générations parthénogénésiques ou fait complètement défaut dans les phénomènes de multiplication de ces animaux. Ces diverses formes du cycle reproducteur se sont développées, suivant Weismann, par sélection naturelle en relation avec le retour périodique annuel plus ou moins fréquent des causes de destruction des colonies formées par les Daphnoïdes. Si nous appliquons ces vues au Phylloxera, nous pouvons considérer le parasite de la vigne comme une espèce monocyclique, c'est-à-dire n'ayant qu'une seule période sexuelle dans le cours de son évolution annuelle, et l'apparition de la génération sexuée et des œufs d'hiver comme en relation avec le danger que fait courir aux colonies la destruction des radicelles de la vigne. Ceci nous explique pourquoi la formation des ailés est abondante surtout sur les radicelles et précède de peu de temps la destruction des renflements sur lesquels se tiennent les individus destinés à subir cette transformation.

» J'ai observé chez les Pucerons des faits analogues qu'il serait trop long d'exposer ici; il me suffira de dire que, pas mieux que Weismann chez les petits Crustacés qu'il observait, je n'ai réussi à transformer le mode de reproduction de ces insectes par des changements déterminés artificiellement dans la température ambiante et la qualité de la nourriture. Chez eux aussi, l'apparition des mâles et des femelles est liée à certaines générations déterminées dans la descendance de l'œuf d'hiver. Chez le Phylloxera du chêne, les ailés et leur progéniture sexuée font toujours défaut dans les deux premières générations issues de l'œuf d'hiver, et c'est dans la troisième seulement qu'ils commencent à se montrer pour devenir graduellement plus nombreux dans les générations suivantes. On est moins bien renseigné sur la génération qui fournit les premiers ailés et les premiers sexués chez le Phylloxera de la vigne, des observations directes et précises manquant jusqu'ici; mais, si l'on se rappelle que les ailés se développent principalement sur les renflements radiculaires et que ceux-ci caractérisent la première année de l'invasion (Max. Cornu), on sera porté à admettre que les premiers sexués, dans cette espèce, appartiennent aussi à une génération peu éloignée de l'œuf d'hiver [1].

» Je crois inutile d'insister plus longuement sur ces faits, qui répondent à une des principales objections de M. Targioni-Tozzetti contre mes vues sur la cause de l'épuisement progressif de la fécondité chez les femelles agames des colonies radicicoles du Phylloxera. Cette cause a bien son siège dans l'organisme même, et n'a aucune relation, au moins directe, avec les conditions extérieures de température et de nutrition. Elle est de même nature que celle en vertu de laquelle toutes les fonctions de l'économie diminuent d'énergie par le fait même de leur durée et de leur exercice prolongé. Mais quel est le temps nécessaire pour que la puissance de reproduction agame du Phylloxera arrive à sa dernière limite, en d'autres

---

[1] Pour élucider expérimentalement cette question, il faudrait suivre toutes les générations issues les unes des autres à partir d'un même œuf d'hiver et placées sur des racines de vignes en pleine végétation. Les observations faites chez des insectes conservés en captivité sur des fragments de racines mis en vase clos n'ont qu'une valeur très relative. C'est ainsi que Riley dit avoir constaté qu'il se passe au moins cinq générations de radicicoles, depuis la forme hivernante, avant l'apparition des premiers ailés (*Sixth Annual Report of the State Entomologist of Missouri*, p. 66; 1874), et que, d'après les observations plus récentes de M. Boiteau, ceux-ci ne commenceraient à se montrer que dans la deuxième année du cycle d'évolution de l'insecte sorti de l'œuf d'hiver (*Comptes rendus*, 11 décembre 1882).

termes, dans quel délai les colonies radicicoles soustraites à l'influence régénératrice de l'œuf fécondé disparaissent-elles par épuisement total? C'est ce que nous ne savons pas encore, et c'est pour éclairer cette question, qui intéresse également la Science et la pratique, que j'ai proposé les expériences sur la destruction des œufs d'hiver.

» Je passe maintenant aux autres objections de M. Targioni-Tozzetti. Je m'y arrêterai beaucoup moins longuement que sur la précédente, car il ne s'agit plus ici d'une question de principe, mais de simples faits d'observation sur lesquels, je crois, M. Targioni ne s'est pas suffisamment renseigné. C'est ainsi qu'il soutient que les œufs d'hiver n'ont encore été rencontrés que sur des vignes américaines et que les recherches faites jusqu'à ce jour n'ont pas réussi à démontrer leur présence sur les vignes indigènes.

» M. Targioni en conclut que les mœurs de l'insecte ne sont pas les mêmes suivant qu'il habite l'une ou l'autre sorte de cépages. Il faut que mon savant contradicteur ait oublié tout ce qui se rapporte à la découverte de l'œuf d'hiver, autrement il se fût souvenu que c'est précisément sur des vignes indigènes que cette découverte a été faite pour la première fois en septembre 1875.

» Et ce n'est pas en minime quantité que ces œufs y ont été trouvés, comme il pourra s'en assurer par mes Notes publiées aux *Comptes rendus* (numéros du 4 octobre 1875 et du 10 avril 1876). Depuis cette époque, M. Boiteau, dans la propriété duquel cette constatation fut d'abord faite, a continué presque chaque année à signaler leur présence sur ces mêmes cépages.

» Il est vrai que dans les autres régions de la France les explorateurs ont été moins heureux, mais leur insuccès s'explique d'abord par leur petit nombre, ensuite par la difficulté de ces recherches, vu la petitesse des œufs d'hiver et leur rareté généralement grande sur le bois des ceps.

» Il faut ajouter que leur constatation demande une certaine habitude, les œufs d'hiver différant sensiblement des autres sortes d'œufs du Phylloxera et pouvant être facilement confondus avec les œufs d'autres animaux (Acariens, etc.) vivant sous les écorces des ceps. Sur les vignes américaines, les recherches ont été beaucoup plus fructueuses, et c'est par centaines aujourd'hui que les œufs d'hiver y ont été trouvés dans le sud-est et le sud-ouest de la France. Quelques personnes ont voulu tirer de cette différence les plus singulières conséquences, relativement aux mœurs du Phylloxera, qui, suivant elles, accommodait son genre de vie à la nature du cépage; d'autres ont prétendu que ses habitudes variaient avec les climats qu'il rencontre dans notre pays, etc.

» M. Targioni s'est fait lui-même l'écho de cette manière de voir lorsqu'il soutient que *le cours de la vie chez le Phylloxera des vignes américaines et chez le Phylloxera des vignes ordinaires est profondément différent,* donnant presqu'à entendre qu'il s'agit de deux insectes distincts.

» Cette différence ne résulterait pas seulement de la présence des œufs d'hiver sur les vignes américaines et de leur absence sur les vignes indigènes, mais aussi de ce que les premières seules présentent des générations gallicoles de parasites, tandis que celles-ci feraient défaut sur les dernières. Toutes ces assertions sont beaucoup trop absolues. Nous venons de le voir pour l'œuf d'hiver, dont la présence a été constatée aussi bien sur les vignes américaines que sur les vignes européennes. Quant aux générations gallicoles, s'il est indiscutable qu'elles se rencontrent beaucoup plus fréquemment sur les cépages américains que sur ceux de notre pays, elles ne font cependant pas absolument défaut chez ceux-ci, comme le prouvent les observations de MM. Laliman, Planchon, Max. Cornu, Boiteau, de Lafitte, Henneguy, etc.; et, inversement, des vignobles tout entiers de vignes américaines, taylor, clinton, *riparia,* etc., dont les racines sont couvertes de légions de Phylloxeras, ne présentent parfois aucune galle sur les feuilles pendant plusieurs années consécutives. Les observations spéciales de M. Henneguy ne laissent aucun doute à cet égard. Il faut conclure de ces faits que les générations aériennes d'aptères ne représentent pas dans le cycle biologique du parasite une phase nécessaire et constante, mais ne sont qu'un simple accident, un épiphénomène de son évolution normale et régulière. Telle est aussi l'opinion de M. Riley, l'observateur américain qui a si profondément étudié les mœurs du Phylloxera dans son pays d'origine. Riley considère les générations gallicoles comme une forme estivale passagère, sans signification essentielle pour la perpétuation de l'espèce [1].

---

[1] « It is but a transient summer state, not at all essential to the perpetuation of the species ». En Amérique même, au rapport de Riley, beaucoup de variétés de cépages (*Labrusca*, etc.), qui présentent des Phylloxeras aux racines, ne montrent jamais une galle sur les feuilles (*Sixth annual Report*, p. 36; 1874). Les générations gallicoles avaient probablement, à une époque reculée, une signification plus importante que de nos jours dans le cycle évolutif du Phylloxera. Il est à présumer que les ancêtres de nos Phylloxeras actuels accomplissaient toutes les phases de leur existence sur les parties aériennes de la vigne et ne sont devenus radicicoles que par adaptation à un genre de vie nouveau. Les générations gallicoles actuelles ne seraient, dans cette hypothèse, qu'un vestige de cet état de choses primitif, et il est, dès lors, facile de comprendre pourquoi elles se rencontrent surtout sur les vignes du nouveau monde, berceau primitif de l'espèce. J'ai montré que l'on pouvait

» J'en dirai autant de la génération sexuée hypogée dont j'ai fait connaître l'existence en 1874. Je supposais à cette époque que cette génération hypogée constituait dans la série des développements de l'insecte une phase aussi nécessaire que la génération sexuée épigée, bien que je n'eusse observé que des femelles et vu ni mâles ni accouplement (*Comptes rendus*, 2 novembre 1874). Depuis, ni moi ni d'autres n'avons revu ces femelles, malgré des recherches spéciales, attentives, faites dans des localités diverses ([1]). Leur rencontre isolée est donc un fait aussi exceptionnel que celle de la forme gallicole ailée signalée par quelques observateurs. Dans tous les cas, ces formes accidentelles sont trop rares pour exercer une influence appréciable sur les phénomènes de propagation du Phylloxera, et la pratique a parfaitement le droit de les négliger dans ses préceptes. Elle n'est, d'ailleurs, pas désarmée contre les sexués souterrains, puisque ceux-ci ou leur progéniture peuvent être attaqués au moyen des insecticides introduits dans le sol, au même titre que les aptères agames formant la population ordinaire des racines.

» Il ne me reste plus qu'à examiner un dernier point de vue auquel s'est placé M. Targioni-Tozzetti pour critiquer l'utilité des opérations dirigées contre l'œuf d'hiver. Suivant lui, cette destruction, quel qu'en soit le résultat, n'en laisserait pas moins subsister les autres sources d'infection phylloxérique, notamment celle qui a lieu par importation de plants américains. M. Targioni pense que les agents de cette infection sont toujours les aptères ou leurs œufs qui couvrent les racines de ces plants, et non les œufs d'hiver que ceux-ci pourraient également recéler. Il rappelle à cette occasion l'origine de l'introduction première en Europe du Phylloxera, qu'il suppose y avoir été apporté par des plants enracinés. Je ne puis mieux faire que de lui opposer l'opinion d'un homme dont on ne contestera pas la compétence en la matière, et qui exprime sa manière de voir avec le désintéressement du vrai savant; c'est celle de Riley lui-même, qui parle dans les termes suivants de l'introduction en Europe du parasite avec les vignes américaines : « En réalité, dit-il, comme l'expédition des plants en racine est rare, je » crois fermement que le Phylloxera a été importé d'Amérique en Europe

rendre aux radicicoles leur ancien genre de vie foliicole par une transition graduelle de la vie souterraine à la vie aérienne (*Comptes rendus*, 2 novembre 1874).

([1]) Il s'agit ici des observations faites en France. A l'étranger, M. V. Fatio, en Suisse, et M. Roesler, en Autriche, auraient vu ces sexués hypogés; mais, n'ayant pas sous la main leurs Mémoires, que je ne connais que par des citations, j'ignore les détails de leurs observations.

» à l'état d'œufs d'hiver ..... Cet œuf peut se trouver sur le bois d'un an, » je l'y ai trouvé. » Ailleurs, pour justifier la prohibition de l'importation des boutures de vignes américaines, adoptée par plusieurs États de l'Europe, Riley dit : « Comme le fait que cet œuf d'hiver peut se rencontrer » sur toutes les parties de la plante au-dessus du sol, particulièrement » sur l'écorce soulevée du bois de deux ans, comme ce fait, dis-je, rend » tout à fait possible le transport de l'insecte sur des boutures, à cet état » d'œuf d'hiver, la prohibition de l'importation de ces boutures aussi » bien que des plants enracinés, de quelque pays que ce soit où l'insecte » est connu, se trouve entièrement justifiée ([1]). »

» Ainsi, de quelque façon qu'on envisage la question de la propagation du Phylloxera, qu'on se place au point de vue des lois naturelles de sa multiplication, ou sous celui de sa dissémination par le fait de l'homme, toujours nous voyons l'œuf d'hiver jouer un rôle prépondérant dans cette question. Il eût déjà suffi, pour arriver à cette conviction, de considérer l'existence si répandue de cet élément génésique chez tout ce groupe d'insectes, les Phylloxeras aussi bien que les autres Aphidiens. M. Targioni-Tozzetti, qui a publié d'importants travaux sur une famille voisine, celle des Coccides ([2]), doit connaître mieux que personne l'importance de l'œuf fécondé dans les phénomènes de reproduction et de dissémination de ces insectes, si nuisibles aussi à une foule de nos plantes cultivées. Il la méconnaît si peu qu'un de ses principaux arguments contre ma proposition de combattre le Phylloxera par la destruction de cet œuf consiste à dire qu'il n'a pas encore été démontré sur nos vignes indigènes, assertion dont nous avons prouvé l'inexactitude. D'ailleurs, d'autres naturalistes et savants éminents se sont prononcés en faveur de cette pratique, et les viti-

---

([1]) Riley, *Sur le Phylloxera et les lois destinées à empêcher son introduction dans les localités non infestées* (*The American Naturalist*, vol. V, p. 186; 1881). Un fait récent vient apporter une confirmation complète à l'opinion de Riley : des boutures de vignes américaines qui, par une erreur de destination, étaient restées enfermées pendant trois mois dans leur caisse d'emballage, se sont montrées couvertes de Phylloxeras à l'état de mères pondeuses, d'œufs et de jeunes individus fixés sur les radicelles émises par ces boutures pendant leur long séjour dans la caisse. On ne peut expliquer l'origine de ces insectes que par l'éclosion des œufs d'hiver que recélaient les boutures au moment où elles ont été placées dans la caisse. (Voir le Rapport adressé à M. le Ministre de l'Agriculture, du Commerce et de l'Industrie en Hongrie, par M. Horvath, directeur de la Station phylloxérique hongroise, année I, 1881. Budapesth, 1882.)

([2]) Targioni-Tozzetti, *Studi sulle Cocciniglie*, 1867-1868.

culteurs qui y ont eu recours en attestent l'efficacité par le bon état de leurs vignobles et le rendement de leurs récoltes [1]. Toutes ces raisons maintiennent ma confiance dans les opérations que je recommande et me font espérer qu'un jour leur utilité sera reconnue de ceux-là mêmes qui la contestent aujourd'hui. »

---

[1] M. Émile Blanchard, professeur au Muséum d'Histoire naturelle, a plusieurs fois pris la parole au sein de l'Académie des Sciences, en faveur de cette pratique. De son côté, M. Bouchardat, professeur à la Faculté de Médecine de Paris, membre de la Société nationale d'Agriculture, en a parlé dans les termes suivants : « Parmi les moyens préconisés pour s'opposer aux ravages du Phylloxera, aucun ne s'appuie sur des études biologiques plus attentives que ceux qui ont pour but la destruction des œufs d'hiver, placés sous l'écorce des ceps, par le raclage de l'écorce des ceps ou par le badigeonnage avec des mélanges goudronneux insecticides. » Après avoir rappelé les raisons par lesquelles M. Planchon a cru pouvoir contester l'utilité de la destruction de l'œuf d'hiver, M. Bouchardat ajoute : « Malgré les excellentes objections de M. Planchon, je conseillerais, sans hésiter, de recourir au raclage et au badigeonnage des ceps dans les localités où des taches commencent seulement à se manifester. » (*Annuaire de Thérapeutique* pour 1879. *Appendice sur les vignes phylloxérées.*) Voir aussi le Rapport de M. Bouchardat sur le Mémoire de M. Sabaté relatif à sa méthode de traitement des vignes phylloxérées (*Bulletin de la Société nationale d'Agriculture*, séance du 18 janvier 1882).

Traitement des vignes phylloxérées, par le sulfocarbonate de potassium, en 1882 (¹);

Par M. P. MOUILLEFERT.

« La campagne de 1882, comme les précédentes, affirme, en l'accentuant, le succès du sulfocarbonate de potassium pour combattre le Phylloxera. La superficie traitée a été beaucoup plus importante que les années précédentes, et le nombre des vignobles traités a augmenté dans des proportions considérables. Notre Société a traité, avec ses appareils mécaniques, environ 2225^{ha}, répartis entre 385 propriétés; elle a fourni du sulfocarbonate à 150 propriétaires, qui ont traité eux-mêmes environ 175^{ha}; soit 2400^{ha} répartis entre 535 propriétaires, en proportions presque égales entre le Sud-Ouest et le Midi.

» Cette superficie a exigé l'emploi de 821317^{kg} de sulfocarbonate. La quantité par souche a varié, dans le Sud-Ouest, de 50^{gr} à 120^{gr}, suivant le mode de plantation, et, dans le Midi, de 75^{gr} à 120^{gr}, suivant l'intensité du mal; soit, par hectare traité, dans le Sud-Ouest, une moyenne de 385^{kg}; dans le Midi, une moyenne de 323^{kg}, et une moyenne générale de 350^{kg}.

» Le prix a varié, pour le Sud-Ouest, à cause des nombreux modes de culture, de $0^{fr},05$ à $0^{fr},09$ la souche, ou par hectare de 200^{fr} à 450^{fr}. Dans la région du Midi, le prix a été, en moyenne, de $0^{fr},075$ par souche, et par hectare de 307^{fr}.

» La distance à laquelle on a eu à envoyer l'eau, pour former la solution sulfocarbonatée, a souvent dépassé plusieurs kilomètres; elle a atteint,

(¹) Communiqué à l'Académie des Sciences le 15 janvier 1883.

dans quelques cas, 5000^{m} et même 6500^{m}, pour des altitudes quelquefois considérables de 180^{m} à 200^{m}, mesurés par la pression exercée sur les pistons de la pompe. Les quantités d'eau employées ont varié de 15^{lit} à 40^{lit} par souche, ou de 120^{mc} à 150^{mc} par hectare.

» Comme on le voit par ces chiffres, grâce aux appareils mécaniques de la Société nationale contre le Phylloxera, l'application du sulfocarbonate est aujourd'hui facile et économique. Ce mode de traitement s'étend, comme le montre d'ailleurs le Tableau ci-dessous :

Traitements effectués par la Société nationale contre le Phylloxera.

Campagnes.	Propriétés traitées.	Superficies en hectares.	Nombre de souches.	Sulfocarbonate employé en kilogrammes.
		ha		kg
1877-78........	5	28.50	118548	11275
1878-79........	11	210.50	810080	81250
1879-80........	94	660.63	2828781	245685
1880-81........	173	1138.48	5063701	442787
1881-82........	385	2225.00 (1)	10810000 (1)	821317
Cette dernière année, livré à 150 propriétaires				52500

» ... La puissance du sulfocarbonate de potassium et ses qualités deviennent de plus en plus évidentes. Loin d'être, comme on l'a légèrement avancé, une cause de stérilisation du sol, c'est au contraire une source de fertilité et un agent puissant sur la végétation, propre non seulement à combattre efficacement le mal à tous les degrés, mais à ramener les vignes les plus épuisées à la prospérité, à les y maintenir et à exercer une action fort remarquable sur la fructification. Celle-ci est plus abondante, moins exposée à la coulure et donne des raisins plus gros et plus nourris.

» Ces faits, constatés par dix années d'observations, justifient notre confiance dans l'emploi du sulfocarbonate de potassium.

» Les viticulteurs du Médoc en ont aujourd'hui définitivement adopté l'emploi; les viticulteurs du Midi, auquel il convient encore mieux par la

(1) En ajoutant la superficie correspondant aux 52500^{kg} employés par les propriétaires eux-mêmes, on arrive à un total d'environ 2400^{ha} et 11658750 souches; mais il convient d'ajouter que ces chiffres, déjà si satisfaisants, l'auraient été davantage si, au début de la campagne, le sulfocarbonate n'avait fait défaut, ce qui n'arrivera plus, les usines de la Société pouvant répondre à tous les besoins.

nature du climat, par les conséquences de son emploi et les hauts revenus de la vigne dans cette région y reviennent.

» Néanmoins, en tenant compte de la puissante action du Phylloxera sur la vigne, la culture de celle-ci devra désormais être intensive, c'est-à-dire à gros revenus, afin de pouvoir supporter les frais de traitement et de culture de toute sorte. On devra y consacrer les sols les plus fertiles et les plus aptes à la défense, tels que les sols frais, profonds et autant que possible de nature siliceuse. Les traitements au sulfocarbonate sont avantageusement secondés par les fumures riches et rapidement assimilables. ».

Emploi pratique du sulfocarbonate de potassium contre le Phylloxera dans le midi de la France (¹);

PAR M. CULERON.

« Depuis plus de cinq années que j'emploie le sulfocarbonate de potassium, avec beaucoup de succès dans le Midi, il m'a été permis de faire un grand nombre d'essais comparatifs et, après m'être rendu un compte exact des résultats obtenus, dans tous les sols de notre région, je crois pouvoir indiquer le meilleur mode d'emploi de cet excellent insecticide.

» Pour la région du Midi, où les souches sont très espacées les unes des autres et dont le système radiculaire est très développé, on doit faire au pied de chaque cep une cuvette pour contenir la solution toxique, sans mettre les premières racines à découvert.

» Dans chaque cuvette, on verse 40^{lit} d'une solution sulfocarbonatée, renfermant 100^{gr} de sulfocarbonate de potassium, dosant :

	Pour 100.
Sulfure de carbone	15
Potasse (KO)	22

» Si les ceps ont moins de trois ans, on ne met que 70^{gr} de sulfocarbonate, dans 30^{lit} d'eau, soit 30^{lit} de solution.

» Les doses indiquées ci-dessus sont très efficaces sur les insectes, mais elles ne le sont pas autant sur les œufs. Or, du mois de novembre à la fin d'avril, il n'y a que des jeunes Phylloxeras sur les racines, et de fin avril à la fin d'octobre, elles sont couvertes d'insectes et d'œufs. L'époque du traitement est donc tout indiquée : c'est pendant cette période d'hiber-

(¹) Communiqué à l'Académie des Sciences le 5 mars 1883.

nation du Phylloxera qu'il faut l'attaquer. On peut affirmer que tout traitement qui sera fait avant ou après ces deux dates ne remplira pas le double but qu'on se propose, en employant cet insecticide : *détruire l'insecte sans nuire aux racines.* Un grand nombre d'œufs étant épargnés, on aura, étant donnée la faculté prodigieuse de reproduction du puceron, de nombreux Phylloxeras sur les racines, quelques jours après l'opération. L'effet insecticide sera donc presque nul. On aura seulement les bénéfices d'un maigre arrosage à l'eau sulfocarbonatée, très avantageusement remplacé par un copieux arrosage à l'eau pure, coûtant bien moins cher.

» Pour ceux qui n'auront pas pu entreprendre le sulfocarbonatage de leurs vignes l'hiver et qui ont l'intention de le pratiquer l'hiver suivant, je conseille, dans ce but, d'amoindrir les effets désastreux de la réinvasion estivale par l'emploi du sulfocarbonate au mois de juillet ou d'août ; seulement, il faudra diminuer de $\frac{1}{3}$ la dose du sulfocarbonate ; autrement on s'exposerait à griller les souches traitées.

» Le sulfocarbonate de potassium est un excellent insecticide, et, grâce à lui, nous pourrons conserver une grande partie de notre beau vignoble.

» Depuis que je m'occupe du traitement des vignes phylloxérées par le sulfocarbonate de potassium, j'ai fait un grand nombre d'essais comparatifs. J'ai conservé mon vignoble, et mes tonneaux sont pleins de vin comme avant la maladie, tandis que mes voisins, qui n'ont pas traité, ont perdu et arraché la plus grande partie de leurs vignes.

» *Première année.* — Dans cette première année, je me suis contenté de suivre avec beaucoup d'attention tous les traitements au sulfocarbonate qui ont été entrepris, sur une assez grande surface, dans les arrondissements de Béziers et de Montpellier. Je me suis vite aperçu que les résultats étaient variés.

» Les traitements faits avec une dose de sulfocarbonate de 50 à 75^{gr} dissous dans 20^{lit} d'eau, plus 5^{lit} d'eau claire versés par-dessus, ont donné des résultats très irréguliers. Les vignes traitées étaient relativement belles ; mais, en examinant les souches séparément, on constatait des différences très grandes.

» Les traitements faits avec des doses d'eau et de sulfocarbonate plus fortes présentaient également de grandes irrégularités, et souvent même on constatait la mort de quelques souches.

» *Deuxième année.* — L'année suivante, je divisai par parties égales plusieurs de mes vignes, et je fis verser moi-même dans les cuvettes pratiquées au pied de chaque cep des doses d'eau et de sulfocarbonate différentes.

Fig. 1.

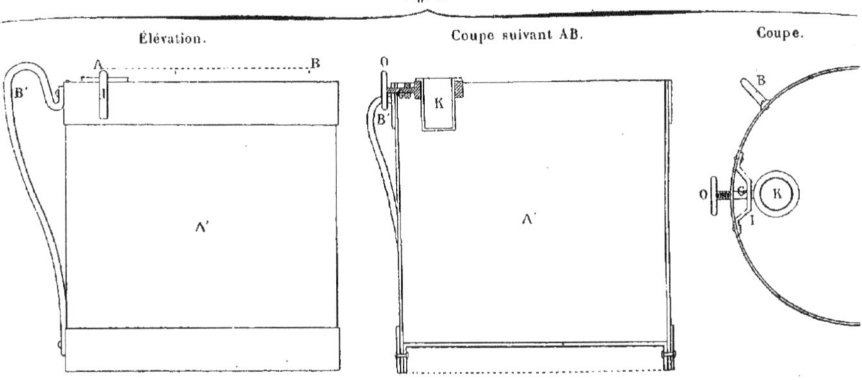

L'appareil doseur de la *fig.* 1 fonctionne par un mouvement oscillant de droite à gauche, au moyen d'un T, et revient toujours à la position verticale.

» J'employai de 50 à 150gr de sulfocarbonate et de 20 à 50lit par souche.

» Jusqu'à la dose de 100gr de sulfocarbonate, je n'ai pas eu à enregistrer un seul cas de mort, mais, avec des doses variant de 100 à 150gr, j'ai grillé un assez grand nombre de souches, surtout en traitant après le mois d'avril.

» Les doses qui m'ont donné les résultats les plus réguliers sont celles de 90 à 100gr de sulfocarbonate dilué dans 30lit d'eau, plus 10lit d'eau pure. Avec ces doses je n'ai pas compromis le système radiculaire, et l'effet insecticide a été aussi satisfaisant qu'avec des doses plus fortes. Seulement, sur toutes les racines superficielles je trouvais, quelques jours après l'opération, un assez grand nombre d'insectes vivants, et, au mois de juillet, en faisant des fouilles nouvelles, je trouvais toutes les racines couvertes d'insectes, ce qui annulait les bons effets produits par mes traitements. C'est alors que je fis sur quelques souches un deuxième traitement avec 75gr de sulfocarbonate dilué dans 30lit d'eau, plus 10lit d'eau claire, en même temps que sur un petit nombre d'autres souches j'employais des doses plus fortes. Les fouilles, faites quelques jours après l'opération, prouvèrent que ces solutions n'avaient pas détruit tous les œufs et que les insectes des racines supérieures avaient même été épargnés.

» En résumé, il résulte des traitements de cette deuxième année d'expériences : que les doses de 50 à 75^{gr} de sulfocarbonate, dilués dans 20^{lit} d'eau, soit 20^{lit} de solution, plus 5^{lit} d'eau claire, ne sont pas suffisantes pour débarrasser complètement la souche de tous les pucerons; qu'avec des doses trop fortes on compromet une grande partie des racines et que souvent même on tue les souches; tandis qu'en employant de 90 à 100^{gr} de sulfocarbonate, dans 30^{lit} d'eau, plus 10^{lit} comme eau de lavage, on débarrasse les racines inférieures du Phylloxera, lorsque l'on opère avant la ponte des insectes, c'est-à-dire, lorsque les traitements sont faits avant la fin d'avril.

» *Troisième année.* — Les traitements ont été pratiqués du 15 janvier au 20 avril. Seulement, comme, dans mes précédents traitements, je trouvais toujours, quelques jours après l'opération, des Phylloxeras vivants sur les racines superficielles, j'ai pensé que cela pouvait être dû à l'eau claire versée dans les cuvettes, après imbibition de la solution sulfocarbonatée.

» Pour savoir si j'étais dans le vrai, j'ai choisi deux vignes, complètement envahies par le Phylloxera.

» I. La première A de 1220 souches, dans un terrain silico-argileux, l'autre B de 1780 souches, dans un terrain caillouteux et argileux.

La vigne A, carré	n° 1,	a reçu	90^{gr}	de sulfocarbonate	dilué dans	40^{lit} d'eau.
»	n° 2	»	90	»	»	30 + 10
»	n° 3	»	90	»	»	20 + 20

» L'opération a été faite du 15 au 19 mars. Le 15 avril, je fis les fouilles au pied de presque toutes les souches traitées. Voici ce que j'ai observé :

» *Carré n°* 1. — Pas un seul puceron sur les racines, partout où la solution avait pénétré.

» *Carré n°* 2. — Quelques pucerons sur les racines, les plus rapprochées du fond des cuvettes.

» *Carré n°* 3. — Les racines supérieures étaient couvertes d'insectes vivants, comme avant l'opération.

» II. Dans la vigne B, les effets ont été absolument les mêmes; on avait employé 100^{gr} de sulfocarbonate par souche, dose par conséquent trop élevée.

» Les Phylloxeras que l'on trouvait vivants sur les racines superficielles des souches traitées quelques jours après l'opération avaient donc bien été épargnés par l'intervention de l'eau pure versée par-dessus la solution.

» *En résumé,* opérer de novembre à avril; employer de 90 à 100^{gr} de sulfocarbonate par souche et réduire à 70^{gr} pour les vignes jeunes; ne point ajouter d'eau pure après la dissolution sulfocarbonatée; dans les traitements de juillet et d'août, réduire de $\frac{1}{3}$ le sulfocarbonate; enfin, pour les taches découvertes en été, faire deux traitements à huit ou dix jours de distance et à dose réduite de $\frac{1}{3}$, le second étant destiné à faire périr les insectes provenant des œufs épargnés par le premier.

» Jusqu'à ce jour, on s'est contenté de préparer la solution sulfocarbonatée, dans de grands réservoirs en métal ou en bois et de puiser la solution, après avoir eu soin d'agiter convenablement, avec des seaux ou des arrosoirs, pour la porter aux pieds des souches; puis, dans le but de faire

Fig. 2.

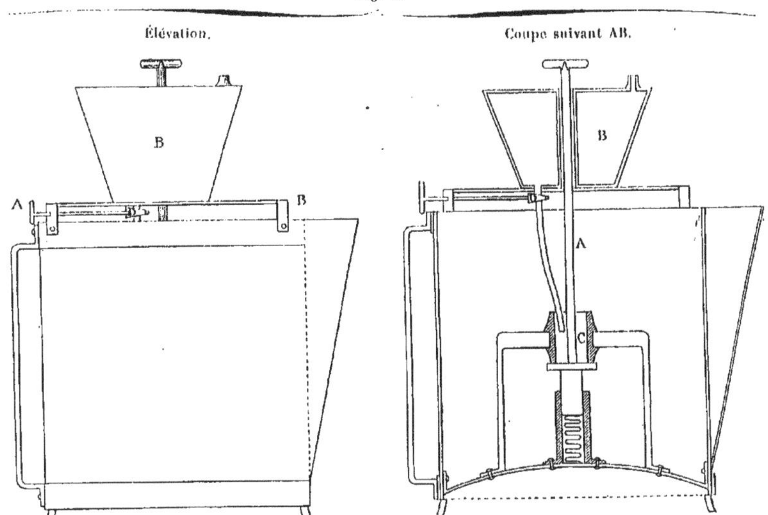

L'appareil doseur de la *fig.* 2 fonctionne par un mouvement de pression sur la tige verticale A, qui ouvre le fond du godet doseur C quand il est rempli de liquide.
Un robinet D est disposé, à cet effet, sous le récipient de sulfocarbonate B.

enfoncer plus profondément la solution dans le sol, on arrose à l'eau pure le fond des cuvettes, après imbibition complète de la solution sulfocarbonatée. On voit de suite, que les résultats de l'opération sont subordonnés à l'attention de l'ouvrier, qui pourra oublier, soit de remuer, pour assurer un mélange intime du sulfocarbonate avec l'eau, les deux liquides n'ayant pas la même densité, soit de ne pas remplir les mesures, ce qui donnera des dosages complètement différents; une partie des souches recevra une dose insuffisante et d'autres souches une dose trop forte.

» On se trouvera très bien d'employer un bidon doseur avec lequel on dose exactement l'eau et le sulfocarbonate à mettre par chaque cep. Ce bidon (*voir* les *fig.* 1 et 2) se compose tout simplement d'un seau cylindrique A' en tôle galvanisé, muni d'une anse B'; sur le bord supérieur est fixé un petit mesureur en plomb, K, qui se meut autour d'une tige, G, fixée au bord par une petite chape I. Ce mesureur contient juste la dose à mettre par souche. On le remplit de sulfocarbonate à l'aide d'une cafetière renfermant le liquide([1]); une fois plein, on n'a plus qu'à la faire basculer à l'aide d'une clef à T, qui est fixée à l'extrémité de la tige G, pour faire déverser le contenu dans le bac A' que l'on remplit d'eau. La solution ainsi formée est versée au pied de la souche, et ainsi de suite pour celles que l'on veut traiter.

» Je ne verse pas de l'eau claire dans les cuvettes, après imbibition de la solution, parce que j'ai reconnu qu'en agissant ainsi on épargnait un grand nombre de pucerons qui se trouvent sur les racines superficielles, et que, pour que l'insecte fût tué, il fallait que la solution sulfocarbonatée restât en contact avec lui.

» Après imbibition complète de la solution, on applique les engrais et on recouvre les cuvettes, en ramenant la terre au pied de chaque souche traitée. »

([1]) Je fais construire en ce moment un autre bidon (*fig.* 2) afin de supprimer la cafetière renfermant le sulfocarbonate pour le bidon (*fig.* 1).

BIBLIOTHÈQUE NATIONALE

TABLE DES MATIÈRES.

BIBLIOTHÈQUE NATIONALE IMPRIMÉS

GAUTHIER-VILLARS, IMPRIMEUR-LIBRAIRE DES COMPTES RENDUS DES SÉANCES DE L'ACADÉMIE DES SCIENCES.
Paris. — Quai des Augustins, 55.

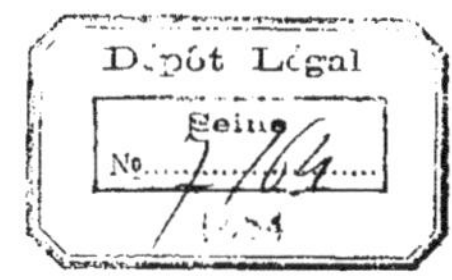

OBSERVATIONS

SUR

LE PHYLLOXERA

ET SUR

LES PARASITAIRES DE LA VIGNE.

S
553

www.ingramcontent.com/pod-product-compliance
Ingram Content Group UK Ltd.
Pitfield, Milton Keynes, MK11 3LW, UK
UKHW012104240726
13965UKWH00004B/1539